普通高等教育"十一五"部委级规划教材(本科)

U0742315

化工/食工原理实验

顾正荣　涂国云　主编

中国纺织出版社

内 容 提 要

本书是与"化工原理"、"食品工程原理"理论课配套使用的实验教材。全书分单元操作实验及处理工程问题的实验方法、实验误差分析和数据处理、测量仪表和测量方法、单元操作实验的计算机仿真、单元操作实验、演示实验六部分。本书内容的编排着眼于使学生了解和掌握化工原理实验、食品工程原理实验的基本内容和研究方法,着重培养学生的工程观点和分析解决工程问题的能力。

本书可作为本科、专科的化工原理、食工原理实验教材,亦可供从事化工、生物工程、食品工程、环境工程、轻化工程专业的工程技术人员参考。

图书在版编目(CIP)数据

化工/食工原理实验/顾正荣,涂国云主编. —北京:中国纺织出版社,2010.9(2021.3 重印)

普通高等教育"十一五"部委级规划教材.本科

ISBN 978 - 7 - 5064 - 6764 - 3

Ⅰ.①化… Ⅱ.①顾… ②涂… Ⅲ.①化工原理—实验—高等学校—教材 ②食品化学—理论—实验—高等学校—教材

Ⅳ.①TQ02 - 33 ②TS201.2 - 33

中国版本图书馆 CIP 数据核字(2010)第 163431 号

策划编辑:秦丹红 责任编辑:安茂华 特约编辑:秦 伟
责任校对:俞坚沁 责任设计:李 然 责任印制:周文雁

中国纺织出版社出版发行

地址:北京东直门南大街6号 邮政编码:100027

邮购电话:010—64168110 传真:010—64168231

http://www.c-textilep.com

北京虎彩文化传播有限公司印刷 各地新华书店经销

2010 年 9 月第 1 版 2021 年 3 月第 4 次印刷

开本:787×1092 1/16 印张:11.25

字数:250 千字 定价:32.00 元

全面推进素质教育,着力培养基础扎实、知识面宽、能力强、素质高的人才,已成为当今本科教育的主题。教材建设作为教学的重要组成部分,如何适应新形势下我国教学改革要求,与时俱进,编写出高质量的教材,在人才培养中发挥作用,成为院校和出版人共同努力的目标。2005年1月,教育部颁发了教高[2005]1号文件"教育部关于印发《关于进一步加强高等学校本科教学工作的若干意见》"(以下简称《意见》),明确指出我国本科教学工作要着眼于国家现代化建设和人的全面发展需要,着力提高大学生的学习能力、实践能力和创新能力。《意见》提出要推进课程改革,不断优化学科专业结构,加强新设置专业建设和管理,把拓宽专业口径与灵活设置专业方向有机结合。要继续推进课程体系、教学内容、教学方法和手段的改革,构建新的课程结构,加大选修课程开设比例,积极推进弹性学习制度建设。要切实改变课堂讲授所占学时过多的状况,为学生提供更多的自主学习的时间和空间。大力加强实践教学,切实提高大学生的实践能力。区别不同学科对实践教学的要求,合理制定实践教学方案,完善实践教学体系。《意见》强调要加强教材建设,大力锤炼精品教材,并把精品教材作为教材选用的主要目标。对发展迅速和应用性强的课程,要不断更新教材内容,积极开发新教材,并使高质量的新版教材成为教材选用的主体。

随着《意见》出台,教育部组织制定了普通高等教育"十一五"国家级教材规划,并于2006年8月10日正式下发了教材规划,确定了9716种"十一五"国家级教材规划选题,我社共有103种教材被纳入国家级教材规划。在此基础上,中国纺织服装教育学会与我社共同组织各院校制定出"十一五"部委级教材规划。为在"十一五"期间切实做好国家级及部委级本科教材的出版工作,我社主动进行了教材创新型模式的深入策划,力求使教材出版与教学改革和课程建设发展相适应,充分体现教材的适用性、科学性、系统性和新颖性,使教材内容具有以下三个特点:

(1)围绕一个核心——育人目标。根据教育规律和课程设置特点,从提高学生分析问题、解决问题的能力入手,教材附有课程设置指导,并于章后附有复习指导及形式多样的思考题等,提高教材的可读性,增加学生学习兴趣和自学能力,提升学生科技素养和人文素养。

(2)突出一个环节——实践环节。教材出版突出应用性学科的特点,注重理论与生产实践的结合,有针对性地设置教材内容,增加实践、实验内容。

(3)实现一个立体——多媒体教材资源包。充分利用现代教育技术手段,将授课知识点制作成教学课件,以直观的形式、丰富的表达充分展现教学内容。

　　教材出版是教育发展中的重要组成部分,为出版高质量的教材,出版社严格甄选作者,组织专家评审,并对出版全过程进行过程跟踪,及时了解教材编写进度、编写质量,力求做到作者权威,编辑专业,审读严格,精品出版。我们愿与院校一起,共同探讨、完善教材出版,不断推出精品教材,以适应我国高等教育的发展要求。

中国纺织出版社
教材出版中心

"化工原理"和"食工原理"都是以单元操作为背景的课程,"化工原理实验"和"食工原理实验"是对应理论课开设的实践性环节的课程。单元操作实验属于工程实验范畴,具有鲜明的工程特点和特殊性,要求学生理论联系实际通过实验来验证一些结论和结果,观察相关单元操作的过程和现象,掌握单元操作实验的设计方法、操作技能和仪器仪表的使用能力,从而培养学生理论联系实际的能力和工程观点,使学生在结束基础课程转入相关专业的学习时,在思维方法上对处理复杂的工程实际过程具有较好的分析问题和解决问题的能力。

单元操作种类很多,本教材介绍了直管流动阻力与局部阻力的测定、离心泵特性曲线的测定、板框压滤机过滤常数的测定、换热器对流传热系数的测定、精馏塔的操作与板效率的测定、填料吸收塔吸收系数的测定、干燥速率曲线的测定、液—液萃取、蒸发器传热系数的测定、膜分离、浸取(固—液萃取)共 11 个典型的单元操作实验,为了增加学生的感性认识,还介绍了雷诺实验、柏努利方程、旋风分离器、热边界层、板式塔流体力学性能共 5 个演示实验。根据化工、生物工程、制药、食品、环境、轻化工程不同专业的需要,可选择相应的单元操作以适合所开设的"化工原理"或"食工原理"理论课的需要。

本书第四章介绍的单元操作实验的计算机仿真的内容,与江南大学化学化工实验教学示范中心主页上的化工原理实验模拟仿真软件配套,学生通过计算机上的仿真实验,能对实验教学的内容和过程进行全面和反复的了解和练习。形象逼真的实验原理和内容展示,能充分调动学生学习的积极性,很好地辅助实验教学,提高实验教学的效果和质量。

本书由顾正荣、涂国云主编,江南大学化工原理和食工原理的全体教师参与了讨论和部分内容的编写。其中前言,绪论,第四章,第五章中的实验 11,第六章中的演示实验 1 以及附录由顾正荣执笔;第一章由陆杰执笔;第二章由许林妹执笔;第三章、第五章中的实验 5、实验 6、实验 10 以及第六章中的演示实验 5 由涂国云执笔;第五章中的实验 1 和实验 2 以及第六章中的演示实验 2 和演示实验 3 由蒋建中执笔;第五章中的实验 3 和实验 4 由魏慧贤执笔;第五章中的实验 7 ~ 实验 9 以及第六章中的演示实验 4 由陈美玲执笔。顾正荣对全书进行了统稿和修改,并呈冯骉教授审阅。

本教材之成书,源自江南大学使用多年的《化工原理/食工原理实验》讲义,得益于江南大学化工原理和食工原理前辈教师数十年实验教学之积淀,也借鉴了国内各兄弟院校同类教材的经验;在成书的过程中,还得到了江南大学教务处和化学与材料工程学院的专题立项资助,在此一并表示感谢。

　　本书的出版,会聚了集体的努力。在编写过程中,力求融入自己的实验教学心得,写出自己的风格。但是,由于编者学识水平有限,书中难免有不少疏漏欠缺之处,恳请专家、读者不吝赐教,以助修正。

编　者

2010 年 3 月

课程名称 化工原理实验 食工原理实验

适用专业 可作为工科院校化学工程、化工工艺、生物工程、食品工程、食品科学、环境工程、环境科学、制药工程、轻化工程等专业化工原理实验或食工原理实验的教材,也可供工科院校的其他专业参考使用。

总 学 时 48 学时

课程性质 化工原理实验、食工原理实验是以化工单元操作过程原理和设备为主要内容、以处理工程问题的实验研究方法为特色的实践性课程,是化工原理、食工原理课程教学中的一个重要的环节,对培养学生综合应用理论知识、培养实验动手能力、树立工程观点具有重要意义。

课程目的 化工原理实验、食工原理实验的主要目的是使学生了解和掌握化工原理实验、食工原理实验的基本内容和研究方法,培养学生的工程能力。通过本课程的学习,使学生进一步巩固和加强对化工原理、食工原理单元操作理论的认识和理解,培养学生实验动手能力、分析和解决工程问题的能力,培养学生实事求是、严肃认真的工作态度和团结协作的工作作风。

课程教学基本要求 通过化工原理实验、食工原理实验课程的学习,应使学生在下列几个方面的能力上得到较好的培养和锻炼:

(1) 掌握处理工程问题的实验研究方法 (量纲分析法、数学模型法等),掌握如何规划实验,检验模型的有效性和模型参数测定的方法。

(2)验证有关单元操作的理论,巩固和加强对单元操作理论的认识和理解。

(3)培养分析和解决工程问题的综合能力,掌握单元操作过程和设备的操作及分析能力;正确采集和处理实验数据的能力;撰写实验报告的能力。

1.实验教学:共 11 个单元操作实验和 5 个演示实验,其中 5 个单元操作实验和演示实验是选做实验 (教学环节学时分配表中带 * 的实验),各学校可按专业设置选设不同的实验课时。实验学时为 24~48 学时。

2.作业:每次实验后写出实验报告,要求写出实验目的、实验原理、实验装置简图、实验步骤,根据所学理论知识对所得实验数据进行处理和分析,对结果有较为全面的讨论。

教学环节学时分配表

实　验	讲　授　内　容	学时分配
实验1	直管流动阻力与局部阻力的测定	4
实验2	离心泵特性曲线的测定	4
实验3	板框压滤机过滤常数的测定	4
实验4	换热器对流传热系数的测定	4
实验5	精馏塔的操作与板效率的测定	4
实验6	填料吸收塔吸收系数的测定	4
实验7*	干燥速率曲线的测定	4
实验8*	液—液萃取	4
实验9*	蒸发器传热系数的测定	4
实验10*	膜分离	4
实验11*	浸取(固—液萃取)	4
演示实验*	演示实验1~演示实验5	4
合　计		48

　　本书第四章介绍的计算机仿真实验采用网络平台展示,使用十分方便。学生可以在相关实验进行之前,先利用这个网络平台,进行计算机仿真操作。通过计算机仿真,预先对实验教学的内容和过程很好地进行了解,这对提高实验教学的质量有很大帮助。

目录

绪 论

一、单元操作实验的内容和特点

"化工原理"是以单元操作为内容,以传递过程和研究的方法论为主线组成的课程。"食品工程原理"(简称"食工原理")保持了"化工原理"的基本框架,同时结合食品工业的特点,对食品工业中应用较为广泛的一些单元操作作了更为详细的介绍。因此,"化工原理"和"食工原理"都是以单元操作为背景的课程。"化工原理实验"和"食工原理实验"是对应理论课开设的实践性环节的课程,就内容而言,是更为具体的单元操作实验,是研究和解决工程问题方法论的具体体现和实践样本,实验过程中要掌握单元操作实验规划和设计的方法,掌握单元过程的操作和设备特性与过程特性参数的测定,掌握仪器仪表的使用。

1. 规划和设计工程实验的方法

单元操作实验属于工程实验范畴,具有鲜明的工程特点和特殊性。工程实验与物理、化学等基础学科的实验明显不同,它研究的对象是生产中物理加工过程按其操作原理的共性归纳成的若干单元操作,同一种单元操作可以在各种不同的产品生产加工过程的某个工段中出现,因此涉及的物料千变万化,使用的设备尺寸大小不同。例如,流体输送在生产过程中可以是输送水、输送空气、输送硫酸、输送糖液等;根据输送任务的不同,管道可以很粗也可能较细;根据输送距离的远近,管道可以很长也可能较短。其他各个单元操作也是同样的情况,会涉及各种物料和不同尺寸的设备。面对如此复杂的变化因素,必须建立科学的实验研究的方法论,以使实验能抓住影响过程的主要因素,使实验结果在几何尺寸上能"由小见大",在物料品种上能"由此及彼"。对这一问题,单元操作实验这门课程在一定程度上进行了解决,本书第一章对处理工程问题的实验方法作了详细介绍。单元操作实验这门课程,不仅要求学生掌握各个单元的操作过程,同时要对相关单元操作科学的实验规划和设计方法有足够的认识和理解,使学生在结束基础课程转入相关专业的学习时,在思维方法上对处理复杂的工程实际过程具有较好的分析问题和解决问题的能力,在今后的科研和工作中可以借鉴和创新。

2. 典型单元过程的操作和设备特性与过程特性参数的测定

实际生产过程往往由很多单元过程和设备组成,各单元操作具有相对的独立性和由流体流动、输送、传热、传质各有关单元操作适当组合形成的完整性,掌握典型单元过程的操作和设备特性与过程特性参数的测定,以适合不同层次、不同专业要求的教学对象。

原全国化工原理教学指导委员会在"高等学校工科本科'化工原理'课程教学基本要求"中提出:化工原理实验内容在直管摩擦系数和局部阻力系数的测定、离心泵的操作与性能的测定、过滤常数的测定、导热系数的测定、传热实验、蒸发实验、精馏塔性能实验、吸收系数的测定、干燥速度曲线的测定、萃取实验及板式塔流体力学性能实验中至少选做 6~7 个。"食工原理"课程对实验也有类似的要求。

本教材共编写了 11 个典型的单元操作实验,即直管流动阻力与局部阻力的测定、离心泵特性曲线的测定、板框压滤机过滤常数的测定、换热器对流传热系数的测定、精馏塔的操作与板效率的测定、填料吸收塔吸收系数的测定、干燥速率曲线的测定、液—液萃取实验、蒸发器传热系数的测定、膜分离实验、浸取(固—液萃取)。还编写了雷诺实验(流动形态)、流体机械能守恒与转化实验(柏努利方程)、旋风分离器、热边界层、板式塔流体力学性能 5 个演示实验。针对不同层次、不同专业要求的教学对象,可对实验教学内容灵活地进行组合和调整,以适合所开设的"化工原理"或"食工原理"理论课程教学的要求。

单元操作实验课程通过实验教学应使学生得到单元操作实验技能的基本训练,掌握典型单元过程的操作和设备特性与过程特性参数的测定技能,巩固和加深对理论课教学内容的理解,能够理论联系实际,树立工程观点,把握某些工程因素对操作过程的影响,掌握仪器仪表的使用。

二、实验的基本要求

通过单元操作实验课程的学习,学生应具备一定的分析解决工程问题的实验研究能力,这些能力包括:影响实际过程重要因素的分析和判断能力;规划实验和实验方案的设计能力;正确选择和使用有关设备和测量仪表的能力;观察分析实验现象正确进行实验操作的能力;分析处理实验原始数据进行归纳总结获得正确结论的能力;简洁正确地表达实验内容和结果、撰写实验报告的能力。这些能力的培养和提高,能为将来独立地开展科学研究实验或解决工程问题、进行过程开发打下坚实的基础。为了切实有效地培养和提高实验研究能力,必须认真做好实验前的预习、实验过程中的操作与实验数据的读取及记录、实验结束后的分析总结、撰写实验报告等各个步骤的工作。

1. 实验前的预习工作

(1)阅读实验教材的相关内容,弄清实验的目的与要求。

(2)根据本次实验的具体任务,研究实验的理论根据和具体的实验方法,分析需要测量哪些数据,并且估计实验数据可能的变化规律。

(3)通过仿真实验,了解实验流程,对实验过程进行练习,进一步理解实验的目的、原理和实验方法。

(4)到现场观看具体的设备流程、主要设备的构造、仪表种类和安装位置,了解它们的启动、使用方法和使用的注意事项。

(5)根据实验要求和现场勘察,最后拟定实验方案,确定实验操作程序。

2. 组织好实验小组的分工合作

单元操作实验一般都是以几个人为小组合作进行的,因此实验开始前必须做好组织工作,应做到既有分工,又有合作,既能保证实验质量,又能得到全面训练。每个实验小组要有一个组长负责协调,与组员一起讨论实验方案,让每个组员明确自己的职责(包括观察现象进行操作、读取数据、记录数据等),在实验的适当时候可以进行轮换,使每个人在各个环节都可以得到锻炼。

3. 认真测取实验数据,做好记录

在实验过程中,应认真观察和分析实验现象,严肃认真地记录原始实验数据,培养严肃认真的科学研究态度。

(1)实验前必须拟好实验数据记录表格,在表格中应记下物理量的名称和单位。不能一边做实验一边随便拿纸记录,以保证数据完整,条理清楚不遗漏。

(2)凡是影响实验结果以及数据处理过程中要用到的数据都必须测取,不能遗漏。它包括大气条件、设备有关尺寸和物料性质等。但并不是所有数据都要直接测取,凡可以根据某一数据导出或从手册中查出的其他数据,就不必直接测定,例如水的密度、黏度等物理性质,只要测定水的温度就可以了。

(3)实验时一定要在操作条件稳定后才开始读取数据,操作条件改变后,要等待稳定后才能读取数据,这是因为操作条件的改变破坏了原来的稳定状态,重新建立稳态需要一定的时间,有的实验甚至要花较长的时间才能稳定,而测量仪表通常又有滞后的现象。实验操作时,必须密切注意仪表指示值的变动,随时调节,务必使整个操作过程都在规定条件下进行,尽量减少实验操作条件和规定操作条件之间的差距。实验操作时要坚守岗位,不得擅自离开。实验过程中还应注意观察过程现象,特别是发现某些不正常现象时应及时查找产生不正常现象的原因,及时排除。

(4)每个数据记录后,应该立即复核,以免发生读错或记错数字等错误。

(5)数据记录必须真实地反映仪表的精确度。一般记录至仪表上最小分度以下一位数,而记录数据中末位都是估读的数。例如温度计的最小分度为1℃,如果当时温度读数为24.6℃,就不能记为25℃,如果刚好是25℃,则应记为25.0℃不能记为25℃,这里是一个精确度问题,如记录25℃,它表示当时温度可能是24℃也可能是26℃,或者说它的误差是±1℃,而25.0℃则表示温度是介于24.9~25.1℃之间,它的误差是±0.1℃,当然24.6℃不能记为24.58℃,因为超出了所用温度计的精确度。

(6)记录数据要以仪表当时的实际读数为准,例如仪表设定空气的控制温度为100℃,而读数时实际空气温度为99.5℃,就应该记录99.5℃。如果被控制的温度稳定不变,则每次记录数据时也应照常记录,不得空下不记。

(7)实验中如果出现不正常情况,数据有明显误差时,应在备注中加以说明。

4. 撰写实验报告

单元操作实验课程设置的每个实验都要求实验者在实验完成后必须提交一份规范的实验报告。实验报告必须写得简单明白,数据完整,交代清楚,结论明确,有讨论,有分析,得出的公式或图表要标明适用条件。实验报告应包括下述基本内容:

(1)报告的题目(实验内容)。

(2)撰写报告人及同实验小组人员的姓名。

(3)实验目的。

（4）实验原理。

（5）实验装置及流程图。

（6）实验方法和主要步骤。

（7）实验数据（包括实验原始数据以及与实验结果有关的全部数据）。

（8）实验数据处理及计算示例。要以一列数据的计算过程作为计算示例在报告中说明数据是怎么处理的,计算示例要把引用公式、数据代入等计算步骤表达清楚,同一实验小组的每个人要以不同列的数据作出计算示例。

（9）实验结果。要明确给出本次实验的结论,以作图、列表或经验关联式表示均可,并且注明有关条件。

（10）分析讨论。实验中发现问题应作讨论,对实验方法、实验设备有何改进建议也可在报告中写明。

在教学过程中,可将实验报告分为两部分来撰写,前面部分为预习报告,包括上述实验报告（1）～（7）项内容,其中第（7）项内容只要求列出数据表格。实验预习报告在实验操作前交给指导老师审阅,获得通过后方能参加实验。在实验结束后完成实验报告的后面部分,并在规定时间内交指导老师批阅。

☞ 思考题

1.进行实验前,应做好哪些准备工作?

2.测定和记录实验数据时,应注意哪些问题?

3.撰写实验报告时,应包括哪些基本内容?

第一章　单元操作实验及处理工程问题的实验方法

实验是人们认识客观世界的一种有效方法,通过观察和跟踪全过程发生的现象,并测取有关过程运行的数据,加以分析、归纳和总结,从而对过程的本质和规律作一定程度的了解。成功的实验来自于正确的方案和严谨的科学态度,也就是可行的实验方法、合理的试验设计、正确的数据读取与处理以及实事求是的工作态度,从而使实验研究可以做到"以小见大、由此及彼"。多年来,单元操作实验以及其他工程实验在其发展过程中形成的研究方法有:直接实验法、量纲分析法、数学模型法、过程变量分离法、过程分解与合成法、冷模实验法等几种,它们各有特点,并相互补充。

第一节　直接实验法

一、直接实验法的实验过程

直接实验法是指对特定的工程问题,进行直接实验测定,从而得到需要的结果。由于这种方法是对被研究的对象进行直接的观察和分析研究,因此,由直接实验法得到的结果往往较为可靠。例如,过滤曲线及干燥曲线的获得、平衡溶解度的测定等,就是通过直接实验法获得相关的过程规律。

由于干燥机理目前尚不太清楚,干燥过程又特别复杂,为了简化影响因素,干燥实验通常在恒定的干燥条件下(如干燥温度、压力等),直接测定其干燥曲线。在实验过程中,定时测定物料质量的变化,即记录每一时间间隔 Δt 内物料的质量变化 Δm 及物料的表面温度 θ,直到物料的质量恒定为止,此时物料与表面空气达到平衡状态,物料中所含水分即为该条件下的平衡水分,然后再将物料放到真空干燥箱内烘干到恒重时为止,即可测得绝干物料的质量。上述实验数据经整理,可绘出物料含水量 X 及物料表面温度 θ,与干燥时间 t 的关系曲线,即干燥曲线,如图 1-1 所示。需要指出的是,如果物料和干燥条件不同,所得干燥曲线也不同。同样地,过滤某种物料,已知滤浆的浓度,在某一恒压条件下,直接进行过滤实验,测定过滤时间和所得滤液量,根据过滤时间和所得滤液量两者之间的关系,可以作出该物料在某一压力下的过滤曲线。如果滤浆浓度改变或过滤压力改变,所得过滤曲线也都将不同。

L-苯丙氨酸(L-Phenylalanine,简写为 Phe)是人体必需的 8 种氨基酸之一。可用作营养强化剂、氨基酸输液和复合氨基酸制剂的成分。同时也是多种抗癌药物、合成药物麦角胺、抗生

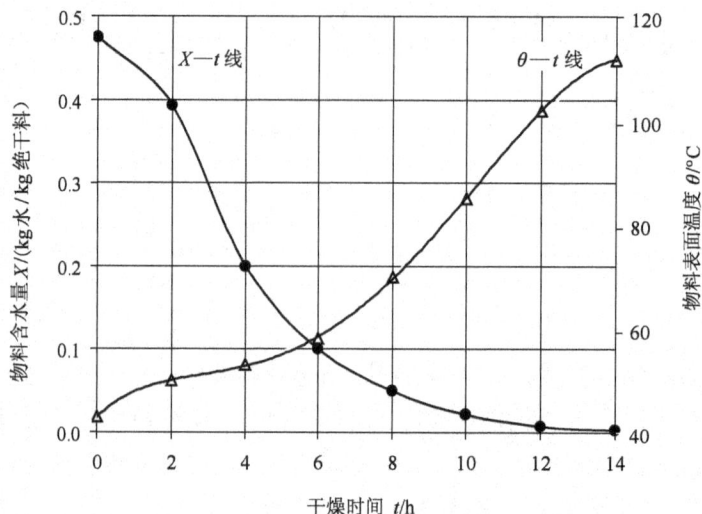

图 1 - 1　恒定干燥条件下某物料的干燥曲线

药物和维生素 B_6 及二肽甜味剂的原料。目前,文献尚无其在水中的溶解度数据,通过直接实验法测定不同温度下其在水中的溶解度,并与模型预测数据进行比较,如表 1 - 1 所示。其中,用来预测的经验公式为:

$$\ln x = -\frac{\Delta H^{\text{fus}}}{R\theta}\left(1 - \frac{\theta}{\theta_{\text{m}}}\right)$$

式中:x 为 θ 温度下溶质在饱和水溶液中的摩尔分数;摩尔熔融焓 $\Delta H^{\text{fus}} = 31081.69 J/mol$,$R$ 为气体常数,熔融温度 $\theta_{\text{m}} = 549.88K$。

表 1 - 1　不同温度下 L - Phe 在水(pH = 5.5 ~ 6)中的溶解度

温度/℃	溶解度预测值/(g/L)	溶解度测定值/(g/L)	温度/℃	溶解度预测值/(g/L)	溶解度测定值/(g/L)
0	9.3	19.8	30	35.1	32.1
10	15.0	23.3	40	51.3	37.7
20	23.3	27.4	50	72.8	44.3
25	28.7	29.6	60	100.3	52.0

由表 1 - 1 可以看出,用经验公式预测得到的溶解度数据与实验测定值有较大的偏差,因此,如条件许可,通常需要考虑用直接实验法来测定溶解度数据。随着组合化学技术、机器人技术、自动化技术、计算机软件技术等的飞速发展,高通量(High - Throughput)实验技术已广泛应用于药物筛选、催化剂筛选、分离工程、细胞相与非细胞相筛选、生物表型筛选等多种领域,使得直接实验法的应用愈来愈广泛。

二、直接实验法的局限性

直接实验法是解决工程实际问题最基本的方法。但对于某些工程问题,直接实验法有一定的局限性,实验结果往往只能用到特定的实验条件和实验设备上,或者只能推广到实验条件完全相同的现象上。此外,直接实验法往往只能得出个别量之间的规律性关系(如溶解度与温度、压力、酸碱度等),对于比较复杂的过程,不能获得过程的全部本质,且耗时费力。对一个多变量影响的工程问题,如果影响过程的变量数为 m,每一变量改变的水平数为 n,如采用直接实验法并按网格法计划实验,即依次固定其他变量,改变某一个变量测定目标值,所需实验次数为 n^m。由于变量数出现在幂上,不难看出,涉及的变量数愈多,所需的实验次数将会剧增。例如,圆管内的流动阻力是管路设计时必须掌握的问题,因此流动阻力问题是一个典型的工程实际问题。从湍流过程的分析可知,影响流体流动阻力的主要因素有 6 个($m=6$),即 $\rho,\mu,d,l,\varepsilon,u$,假若 $n=10$ 则需做 10^6 次实验,这样的实验工作量目前来说是无法进行的。另外,实验工作碰到的另一个困难是实验难度大。众所周知,化工生产中涉及的物料千变万化,涉及的设备尺寸大小悬殊,为改变 ρ 和 μ,实验必须使用多种流体;为改变 d 和 l,必须改变实验装置;改变 ρ 而同时固定 μ,又往往很难做到。因此,必须采用其他的实验研究方法。

第二节　量纲分析法

一、基本概念

1. 量纲

又称因次(Dimension),是物理量(测量)单位的种类。例如长度虽然可以用米、厘米、毫米、尺、寸等不同单位测量,但长度的单位都具有同一量纲,以 $[L]$ 表示。

2. 基本量纲

通常长度、质量、时间和温度这四种物理量为基本物理量,它们的量纲分别以 $[L]$、$[M]$、$[T]$、$[\theta]$ 表示,称为基本量纲。

3. 导出量纲

由基本物理量通过某个定义或定律导出的量,称为导出物理量,它们的量纲则称为导出量纲。导出量纲可根据有关定义或定律由基本量纲组合表示,一般可以把它们写为各基本量纲的幂指数乘积的形式。例如,某导出量 Q 的量纲为 $[Q]=[M^aL^bT^c]$,这里指数 a、b、c 为常数。几种常见的导出物理量的量纲如下:

(1)面积 A:面积是两个长度的乘积,所以它的量纲就是两个长度量纲相乘,即长度量纲的平方,$[A]=[L]\cdot[L]=[L^2]$。

(2)体积 V:体积是面积乘长度,所以它的量纲为 $[V]=[L^2]\cdot[L]=[L^3]$。

(3)密度 ρ:定义为单位体积的质量,所以它的量纲为 $[\rho]=[M]/[L^3]=[ML^{-3}]$。

(4)速度 u:定义为距离对时间的导数,即 $u=\dfrac{\mathrm{d}S}{\mathrm{d}t}$,它是当 $\Delta t \to 0$ 时 $\dfrac{\Delta S}{\Delta t}$ 的极限。长度增量 ΔS 的量纲仍为 $[L]$,而时间增量 Δt 的量纲为 $[T]$,所以速度的量纲为 $[u]=[L]/[T]=[LT^{-1}]$。

(5)加速度 a：定义为速度对时间的导数，即 $a = \dfrac{\mathrm{d}u}{\mathrm{d}t}$，具有 $\dfrac{\Delta u}{\Delta t}$ 的量纲，即 $[a] = [LT^{-2}]$。

(6)力 F：由方程 $F = ma$ 定义。所以 F 的量纲为质量量纲和加速度量纲之乘积，即 $[F] = [MLT^{-2}]$。

(7)压力 P 或应力 σ：定义为 $\dfrac{F}{A}$。所以压力和应力的量纲为力 F 的量纲除以面积 A 的量纲，即 $[P] = [\sigma] = [ML^{-1}T^{-2}]$。

(8)能量：定义为 1N 力的作用点在力的方向上移动 1m 距离所做的功，单位为焦耳(J)，即 $1\mathrm{J} = 1\mathrm{N} \cdot \mathrm{m}$，所以能量的量纲为 $[FL] = [ML^2T^{-2}]$。

(9)速度梯度的量纲：按定义应为速度 u 的量纲除以长度 L 的量纲，即 $[T^{-1}]$。

(10)黏度 μ 的量纲：按牛顿黏性定律，μ 的量纲应为切应力量纲除以速度梯度的量纲，即 $[\mu] = [ML^{-1}T^{-2}]/[T^{-1}] = [ML^{-1}T^{-1}]$。

以上讨论中是取 $[L]$、$[M]$、$[T]$ 为基本量纲的，但是也可以取力 $[F]$ 作为基本量纲。这样，以上各导出物理量的量纲就不同了。例如黏度 $[\mu] = [FL^{-2}T]$，而质量的量纲将成为导出量纲，即 $[M] = [FL^{-1}T^2]$。根据同样的方法可以导出常见物理量的量纲。因此，一个量的量纲没有"绝对"的表示法，它取决于基本量纲如何选择。但在 $[M]$ 和 $[F]$ 之间，仅能选择其中的一个作为基本量纲，它们之间的转换由 $F = ma$ 定义。

4. 无量纲数

又称无量纲准数、无量纲数群，由若干个物理量组合得到一个复合物理量，组合的结果是该复合物理量关于基本量纲的指数均为零，则称该复合物理量为一无量纲数。一个无量纲数可以通过几个有量纲数乘除组合而成。例如用来反映圆管内流体的流动类型的雷诺数（又称雷诺准数）Re，其表达式为：

$$Re = \frac{\rho u d}{\mu}$$

式中，流体密度 ρ 的量纲为 $[ML^{-3}]$，速度 u 的量纲为 $[LT^{-1}]$，内径 d 的量纲为 $[L]$，流体黏度 μ 的量纲为 $[ML^{-1}T^{-1}]$，则雷诺数 Re 的量纲为：

$$[Re] = \left[\frac{\rho u d}{\mu}\right] = \frac{[ML^{-3}][LT^{-1}][L]}{[ML^{-1}T^{-1}]} = [M^0L^0T^0]$$

可见，雷诺数 Re 是一个无量纲数。实验表明，流体在直管内流动时，当 $Re \leqslant 2000$，流体的流动类型属于滞流；当 $Re \geqslant 4000$，流动类型属于湍流；当 Re 值在 2000～4000 范围内，可能是滞流，也可能是湍流，即为不稳定的过渡区。

二、量纲一致性原则

正如前文所述，量纲是指物理量的种类，而单位则是比较同一物理量大小所采用的标准。同一量纲可以有数种单位，例如时间可以用年、月、日、小时、分钟、秒等单位，但其量纲只有一个，即为$[T]$。同一物理量采用不同的单位，其数值就会不同，如一长度为1m，可以说是10dm、100cm、0.001km，但其量纲不变，仍为$[L]$。量纲不涉及量的方面，不论这一长度值是1，还是10，或是0.001，也不论其单位是什么，它仅表示量的物理性质。

不同种类的物理量不可相加减，不能列等式，也不能比较它们的大小。例如长度可以和长度相加，但不可以和面积相加。5m加上25m²是毫无意义的。当然，不同单位的同类量是可以相加的，例如5m加上25cm，仍为某一长度，只要把其中一个单位加以换算即可，即为5.25m或525cm。

既然不同种类的物理量（量纲）不能相加减，也不可相等，那么反之，能够相加减和列入同一等式中的各项物理量，必然有相同的量纲。也就是说，能合理反映一个物理规律（现象）的方程，方程两边不仅数值要相等，且每一项都应具有相同的量纲，这叫做物理方程的量纲一致性原则。这种方程有时称为"完全方程"。

例如在物理学中，初速度为v_0的质点，以等加速度a直线运动，在t时刻所走过的距离S为：

$$S = v_0 t + \frac{1}{2}at^2$$

现检验它的各项量纲是否一致。等号左边S代表距离，量纲为$[L]$。右边第一项$v_0 t$为质点在时间t内由于速度v_0所经过的距离，量纲为$[LT^{-1}][T]=[L]$；右边第二项$\frac{1}{2}at^2$为时间t内由于加速度a所经过的附加距离，量纲为$[LT^{-2}][T^2]=[L]$。所以，方程的三项都具有同样的量纲$[L]$，量纲是一致的。

当然，也有一些方程是量纲不一致的，这就是没有理论原则指导，纯粹根据观察所得的公式，即所谓的经验公式。这些经验公式通常具有明确的应用范围，式中各个变量采用的单位也是有一定限制的，并有所说明。如果用的不是所说明的那个单位，那么方程中出现的常数必须作相应的改变，如后文所述的马克斯韦尔—吉利兰（Maxwell - Gilliland）公式。任何经验公式，只要引入一个有量纲的常数，也可以使它成为量纲一致的方程。

物理方程的量纲一致性原则是量纲分析方法的重要理论基础。

三、π定理

如果某一物理过程中共有n个变量，即$x_1, x_2, \cdots, x_n$，它们之间的关系可用函数表示：

$$f(x_1, x_2, \cdots, x_n) = 0 \tag{1-1}$$

如若规定了m个基本变量，根据量纲一致性原则，则可将这些物理量组合成$n-m$个无量纲数$\pi_1, \pi_2, \cdots, \pi_{n-m}$，这些物理量之间的函数关系可用这$n-m$个无量纲数之间的函数关系来表示：

$$F(\pi_1, \pi_2, \cdots, \pi_{n-m}) = 0 \tag{1-2}$$

即为白金汉(Buckingham)的π定理。π定理可以从数学上得到证明,此处从略。

根据π定理,用量纲分析所得到的独立的无量纲数π的个数,等于变量数n与基本变量数m之差。在应用π定理时,基本变量的选择要遵循以下原则:

(1)基本变量的数目m一般与n个变量所涉及的基本量纲的数目相等。对于力学问题,m一般不大于3。

(2)每一个基本量纲必须至少在此m个基本变量之一中出现。

(3)此m个基本变量的任何组合均不能构成无量纲准数。

四、量纲分析法的步骤与举例

量纲分析法,就是根据物理方程的量纲一致性原则,应用π定理,将多变量函数整理为简单的无量纲数的函数,然后通过实验归纳整理出算图或准数关系式,从而大大减少实验的工作量,同时也容易将实验结果应用到其他相似过程中去。

1. 量纲分析法的具体步骤

(1)找出影响过程的独立变量。设共有n个:$x_1, x_2, \cdots, x_n$。写出一般函数表达式$f(x_1, x_2, \cdots, x_n) = 0$。做到这一点,要求对该物理过程有足够的认识。

(2)确定n个独立变量所涉及的基本量纲。对于力学问题,可能是$[M]$、$[L]$、$[T]$的全部或者其中任意选择两个。

(3)用基本量纲表示所有独立变量的量纲,并写出各独立变量的量纲式。

(4)在n个独立变量中选择m个作为基本变量。通常选一个代表某一尺寸的量,一个表征运动的量,另一个则是与力或质量有关的量。

(5)依据量纲一致性原则和π定理得出准数方程。根据π定理,可以构成$n-m$个无量纲数π。它们的一般形式可表示为:

$$\pi_i = x_i x_A^a x_B^b x_C^c \qquad (1-3)$$

式中:x_i——除去已选择的m个基本变量后所余下的$n-m$个变量之中任何一个。

a, b, c——待定指数。

将x_i以及选定的基本变量x_A、x_B、x_C的量纲代入上式,根据π为无量纲数的要求,利用量纲运算可求得指数a、b、c,从而得到π_i的具体形式。

(6)用$n-m$个π参数来表达该过程,即$F(\pi_1, \pi_2, \cdots, \pi_{n-m}) = 0$。其中,无量纲参数π可以取倒数或取任意次方或互相乘除,以尽可能使各项成为一般熟悉的无量纲数,如Re、Fr等的形式。

(7)根据函数F中的无量纲数,进行实验,归纳总结出函数F的具体关系式。或者,来模拟计算两个相似的过程。

2. 量纲分析法的应用实例

利用量纲一致性原则和π定理,研究流体在圆管内湍流时的流动阻力。已知,湍流时影响流体在管内流动阻力h_f的因素有管径d、管长l、平均流速u、流体的密度ρ和黏度μ、管壁的绝

对粗糙度 ε。因此可有：

$$f(h_f,d,l,\mu,\rho,u,\varepsilon)=0$$

（1）确定独立变量及个数：独立变量有 $h_f,d,l,\mu,\rho,\varepsilon,u$ 共 7 个，则 $n=7$。

（2）确定基本量纲：质量 $[M]$、长度 $[L]$ 和时间 $[T]$。

（3）用基本量纲表示各独立变量的量纲：如表 1-2 所示。

表 1-2　各独立变量的量纲

独立变量	h_f	d	l	μ	ρ	ε	u
量纲	$[L^2T^{-2}]$	$[L]$	$[L]$	$[ML^{-1}T^{-1}]$	$[ML^{-3}]$	$[L]$	$[LT^{-1}]$

（4）选择 $m=3$ 个基本变量，它们的量纲应包括基本量纲。在此，选 ρ、d、u 为三个基本变量。由 π 定理可以整理得到 $n-m=4$ 个无量纲数 π。

（5）得出 π 准数的形式。因已选定 ρ、d、u 为基本变量，剩下 h_f,l,μ,ε 四个变量，所以可列出四个 π 参数：

$$\pi_1=h_f\rho^{a_1}u^{b_1}d^{c_1},\pi_2=l\rho^{a_2}u^{b_2}d^{c_2},\pi_3=\mu\rho^{a_3}u^{b_3}d^{c_3},\pi_4=\varepsilon\rho^{a_4}u^{b_4}d^{c_4}$$

把各变量的量纲代入，则：

$$\pi_1=h_f\rho^{a_1}u^{b_1}d^{c_1}=[L^2T^{-2}][ML^{-3}]^{a_1}[LT^{-1}]^{b_1}[L]^{c_1}=[M^0L^0T^0]$$

比较指数，列出方程组，并求解如下：

$$\begin{cases}对于 M:a_1=0\\对于 T:-2-b_1=0\\对于 L:2-3a_1+b_1+c_1=0\end{cases}\Rightarrow\begin{cases}a_1=0\\b_1=-2\\c_1=0\end{cases}$$

将 a_1、b_1、c_1 代入 π_1，得到：

$$\pi_1=h_fu^{-2}=\frac{h_f}{u^2}$$

同理，对 $\pi_2=l\rho^{a_2}u^{b_2}d^{c_2}=[L][ML^{-3}]^{a_2}[LT^{-1}]^{b_2}[L]^{c_2}=[M^0L^0T^0]$ 有：

$$\begin{cases}对于 M:a_2=0\\对于 T:-b_2=0\\对于 L:1-3a_2+b_2+c_2=0\end{cases}\Rightarrow\begin{cases}a_2=0\\b_2=0\\c_2=-1\end{cases}$$

将 a_2、b_2、c_2 代入 π_2，得到：

$$\pi_2=\frac{l}{d}$$

对 $\pi_3=\mu\rho^{a_3}u^{b_3}d^{c_3}=[ML^{-1}T^{-1}][ML^{-3}]^{a_3}[LT^{-1}]^{b_3}[L]^{c_3}=[M^0L^0T^0]$ 有：

$$\begin{cases} 对于\,M:1+a_3=0 \\ 对于\,T:-1-b_3=0 \\ 对于\,L:-1-3a_3+b_3+c_3=0 \end{cases} \Rightarrow \begin{cases} a_3=-1 \\ b_3=-1 \\ c_3=-1 \end{cases}$$

将 a_3、b_3、c_3 代入 π_3，得到：

$$\pi_3 = \mu\rho^{-1}u^{-1}d^{-1} = \frac{\mu}{\rho u d}$$

对 $\pi_4 = \varepsilon\rho^{a_4}u^{b_4}d^{c_4} = [L][ML^{-3}]^{a_4}[LT^{-1}]^{b_4}[L]^{c_4} = [M^0L^0T^0]$ 有：

$$\begin{cases} 对于\,M:a_4=0 \\ 对于\,T:-b_4=0 \\ 对于\,L:1-3a_4+b_4+c_4=0 \end{cases} \Rightarrow \begin{cases} a_4=0 \\ b_4=0 \\ c_4=-1 \end{cases}$$

将 a_4、b_4、c_4 代入 π_4，得到：

$$\pi_4 = \frac{\varepsilon}{d}$$

（6）原来的函数关系式 $f(h_f,d,l,\mu,\rho,u,\varepsilon)=0$ 可简化为：

$$F(\pi_1,\pi_2,\pi_3,\pi_4) = F\left(\frac{h_f}{u^2},\frac{l}{d},\frac{\mu}{\rho u d},\frac{\varepsilon}{d}\right) = 0$$

最后，待定函数的无量纲表达式为：

$$\frac{h_f}{u^2} = \phi\left(\frac{l}{d},\frac{\rho u d}{\mu},\frac{\varepsilon}{d}\right) \tag{1-4}$$

当某一物理量与其他物理量有关时，则可假设这一物理量与其他物理量的指数次方成正比（Lord Rylegh 指数法），将式（1-4）写成乘幂函数的形式：

$$\frac{h_f}{u^2} = K\left(\frac{l}{d}\right)^a\left(\frac{\rho u d}{\mu}\right)^b\left(\frac{\varepsilon}{d}\right)^c \tag{1-5}$$

式中：$\dfrac{h_f}{u^2}$ ——欧拉（Euler）准数，通常以 Eu 表示；

$\dfrac{l}{d}$ ——长径比；

$\dfrac{\rho u d}{\mu}$ ——雷诺准数 Re；

$\dfrac{\varepsilon}{d}$ ——相对粗糙度。

（7）按式（1-5）进行模拟实验，得到系数 K 及指数 a、b、c。固定 $\dfrac{l}{d}$ 和 $\dfrac{\varepsilon}{d}$，把 $\dfrac{h_f}{u^2}$ 与 Re 的实验数据在双对数坐标纸上进行标绘，可确定 b。同理确定 a、c，截距为 K。通常，由 $h_f \propto l$

知 $a = 1$，将式（1-5）与范宁（Fanning）公式 $h_f = \lambda \dfrac{l}{d} \dfrac{u^2}{2}$ 相比较，便可得出摩擦系数 λ 的计算式：

$$\lambda = 2K \left(\dfrac{\rho u d}{\mu} \right)^b \left(\dfrac{\varepsilon}{d} \right)^c \tag{1-6}$$

又

$$\lambda = \phi' \left(Re, \dfrac{\varepsilon}{d} \right) \tag{1-7}$$

由此例可以看出，在量纲分析法的指导下，可将一个复杂的多变量的管内流体阻力的计算问题，简化为摩擦系数 λ 的研究和确定问题。但是，以上分析只能告诉我们：λ 是 Re 和 $\dfrac{\varepsilon}{d}$ 的函数，至于它们之间的具体形式，还需要通过实验来确定。许多实验研究了各种具体条件下的摩擦系数 λ 的计算公式，例如适用于光滑管的柏拉修斯（Blasius）公式：

$$\lambda = \dfrac{0.3164}{Re^{0.25}} \tag{1-8}$$

五、相似定理

（1）相似的物理过程具有数值相等的相似准数（即无量纲数），称为相似第一定理。

（2）任何物理过程的各变量之间的关系，均可表示成相似准数之间的函数，称为相似第二定理。

（3）如果两个物理过程的等值条件（即约束条件）相似，而且其决定性准数的数值相等时，该两个物理过程就相似，称为相似第三定理。

需要特别指出的是，相似准数有决定性和非决定性之分，决定性准数由单值条件所组成，若准数中含有待求的变量，则该准数即为非决定性准数。准数函数最终是何种形式，量纲分析方法无法给出。基于大量的工程经验，最为简便的方法是采用幂函数的形式。

相似定理是没有化学变化的化工过程的放大设计的重要依据。设有两种不同的流体在大小长短不同的两根圆管中作稳定流动，且知此两种流动彼此相似。若令 Ⅰ 和 Ⅱ 分别表示这两种流动，依照相似定理，则有：

$$\left(\dfrac{\rho u d}{\mu} \right)_{\mathrm{I}} = \left(\dfrac{\rho u d}{\mu} \right)_{\mathrm{II}} \tag{1-9}$$

$$\left(\dfrac{l}{d} \right)_{\mathrm{I}} = \left(\dfrac{l}{d} \right)_{\mathrm{II}} \tag{1-10}$$

$$\left(\dfrac{h_f}{u^2} \right)_{\mathrm{I}} = \left(\dfrac{h_f}{u^2} \right)_{\mathrm{II}} \tag{1-11}$$

例如，有一空气管路直径为 400mm，管路内安装一孔径为 200mm 的孔板，管内空气的温度为 200℃，压强为常压，最大气速 10m/s。为测定孔板在最大气速下的阻力损失，可在直径为

40mm 的水管上进行模拟实验,为此需确定实验用孔板的孔径应多大? 若水温为 20℃,则水的流速应为多大? 如测得模拟孔板的阻力损失读数为 2.67kPa,那么实际孔板的阻力损失为多少?

　　根据前文的分析以及相似定理,模拟水管实验所用孔板开孔直径应保证与气管几何相似,即:

$$d'_0 = \frac{d_0}{d}d' = \frac{200}{400} \times 40 = 20\text{mm}$$

水的流速应保证 Re 相等,即:

$$u' = \frac{\rho u d}{\mu} \frac{\mu'}{\rho' d'}$$

常压下,200℃干空气的物性:密度 ρ 为 0.746kg/m³;黏度 μ 为 2.6×10^{-5} Pa·s。20℃水的物性:密度 ρ' 为 998.2kg/m³;黏度 μ' 为 1.005×10^{-3} Pa·s。代入上式,则水的流速应为:

$$u' = \frac{0.746 \times 0.4 \times 10}{2.6 \times 10^{-5}} \times \frac{1.005 \times 10^{-3}}{998.2 \times 0.04} = 2.89\text{m/s}$$

已知模拟孔板的阻力损失为:

$$h'_f = \frac{\Delta p'}{\rho'} = \frac{13600 \times 9.81 \times 0.02}{998.2} = 2.67\text{J/kg}$$

两流动过程的因数群 $\frac{h_f}{u^2}$ 相等,故实际孔板的阻力损失应为:

$$h_f = \frac{h'_f}{u'^2}u^2 = \frac{2.67}{2.89^2} \times 10^2 = 32.0\text{J/kg}$$

　　因此,根据相似定理,量纲分析法可以帮助我们指导安排试验,并简化实验工作。可将水、空气等的实验结果推广应用于其他流体,将小尺寸模型的实验结果应用于大型实验装置。即所得实验结果在几何尺寸上可以"由小见大",在流体种类上可以"由此及彼"。

六、应用量纲分析法的注意事项

　　(1)最终所得无量纲数的形式与选取基本变量的方法有关。在前例中如果不以 ρ、d、u 为基本变量,而改为其他的变量,整理得到的无量纲数的形式也就不同。当然,这些形式不同的无量纲数可以通过互相乘除,变换成前例中所求得的四个 π 准数。

　　(2)量纲分析法虽不要求研究者对过程的内在规律有明确的认识,但对过程的影响因素要有正确的分析,如果有一个重要的变量被遗漏或者引进一个无关的变量,就会得出不正确的结果,所得结论不能反映过程的实际情况。一般说来,宁可考虑得多些,而不要遗漏掉重要因素。

第三节　数学模型法

数学模型法是将被研究过程各变量之间的关系用一个(或一组)数学方程式来表示,通过对方程(组)的求解可以获得所需的设计或操作参数。因此,数学模型法要求研究者对过程有深刻的认识,能得出足够简化而又不过于失真的模型,然后获得描述该过程的数学方程,做不到这一点,往往不能采用数学模型法。

一、机理模型与经验模型

按其由来,数学模型可分为机理模型和经验模型两大类。机理模型从过程机理推导得出,经验模型则由经验数据归纳而成。习惯上,一般称前者为解析公式,后者为经验关联式。

机理模型是过程本质的反映,结果可以外推;而经验模型来源于有限范围内实验数据的拟合,不宜外推,尤其不宜大幅度外推。因此,在条件允许时还是要先尝试建立机理模型。但由于工程问题一般都很复杂,再加上测试手段的不足,描述方法的有限,要完全掌握过程机理往往是不可能的。化工过程中应用的数学模型大多介于以上两者之间,即所谓的半经验半理论模型。

二、建立数学模型的一般步骤

数学模型法能够更好地揭示过程的本质,日益得到研究者的青睐,其发展应用前景非常广阔。建立过程数学模型的一般步骤如下:

1. 根据基础理论或者通过预实验,认识过程,了解过程的本质特征,并加以高度概括

根据有关基础理论知识对过程进行正确的分析,了解过程的本质特征,以及分析过程的影响因素,弄清哪些是重要变量必须考虑,哪些是次要变量一般考虑或者可以忽略。如有必要辅之以少量的预实验,加深对过程机理的认识和考察各变量对过程的影响。变量分析可按物性变量、设备特征尺寸变量和操作变量三类找出所有变量。

2. 对过程作合理简化,提出一个既接近实际过程又易于用数学方程描述的物理模型。这是数学模型法的关键,也是最困难的环节

所谓物理模型,就是简化后过程的物理图像。所谓简化,就是在抓住过程本质特征的基础上,做出适当假设,忽略一些次要因素的影响。在过程的简化中,一般遵循下述原则:

(1)过程的本质特征和重要变量得以反映;

(2)能够用现有的数学方法进行描述;

(3)能用现有的实验条件对模型参数进行估值、对模型进行检验;

(4)能满足应用的需要。

过程的简化是解决复杂工程问题的必要手段。科学的简化如同科学的抽象一样,更能深刻地反映过程的本质。要使过程得到简化而不失真,既要有对过程的深刻理解,也要有一定的工程经验。

3. 对所得到的物理模型进行数学描述,即建立数学模型,并确定模型方程的初始条件和边界条件

用适当的数学方法对物理模型进行描述,即得到数学模型。数学模型是一个或一组数学方程式。对于稳态过程,数学模型是一个(组)代数方程式;对于动态过程则是微分方程式(组)。对于化工过程,所采用的数学关系式往往是以下方程的一种或几种:物料衡算方程、能量衡算方程、过程特征方程(如相平衡方程、过程速率方程、粒数衡算方程等)、与过程相关的约束方程等。

4. 通过实验确定模型参数、检验并修正模型

模型参数除极个别情况下可根据过程机理得到外,一般均为过程未知因素的综合反映,需通过实验确定。因此,在建立模型的过程中要尽可能减少参数的数目,特别是要减少不能独立测定的参数。很多情况下,模型中可能含有多个原始模型参数。为了在实验研究中避免单个参数测量和计算的困难,在数学模型的推导过程中,常常采取参数综合的方法,即将几个同类型参数归并成一个新的综合参数,以明确表示主要变量与实验结果之间的关系,从而只要通过真实物料的少量实验确定新的模型参数,即可获得必要的工程设计数据。在综合模型参数时,抑或模型参数的数值是通过实验数据的拟合而得时,过程中许多未知的不确定因素的影响,包括实验误差,均归并到模型参数本身。因此,最终获得的模型参数只能是统计意义上的参数。

此外,所建立的数学模型是否与实际过程等效,所作的简化是否合理,这些也要通过实验加以验证。检验的方法有二:一是从应用的目的出发可从模型计算结果与实验数据的吻合程度加以评判;二是适当外延,看模型预测结果与实验数据的吻合是否良好。如果两者偏离较大,超出工程应用允许的误差范围,须对模型进行修正。实际上,在解决工程问题时一般只要求数学模型满足有限的目的,而不是盲目追求模型的普遍性。因此,只要在一定的意义上模型与实际过程等效而不过于失真,该模型就是成功的。

有了数学模型之后,我们就可以用数学模型进行数学模拟。改变各种条件,通过计算可以获得该研究对象在各种条件下的性能和行为,这种计算称为数学模拟计算。计算如果是在计算机上进行的,则称为计算机模拟。

三、数学模型法的应用举例

如图 1-2(a)所示,流体以速度 u 通过高度为 L 的颗粒床。图中,构成颗粒床的颗粒,不但几何形状不规则,而且表面粗糙,大小不均。由这样的颗粒组成的颗粒床通道,必然是不均匀的纵横交错的网状通道。为此,要处理流体通过该颗粒床的流动问题,必须寻求简化的工程处理方法。具体步骤如下:

1. 分析颗粒床中的流体流动

如前文所述,要对过程进行合理的简化,必须了解其本质特征。流体通过颗粒床的流动可

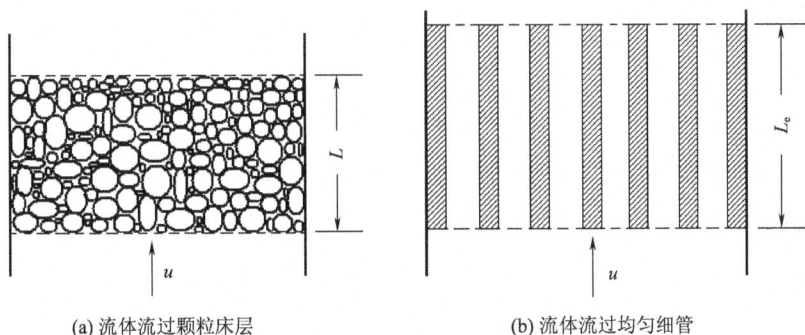

(a) 流体流过颗粒床层   (b) 流体流过均匀细管

图 1 - 2   流体在颗粒床层的流动及其过程简化

以有两个极限,一个是极慢流动,另一个是高速流动。在极慢流动的情况下,流动阻力主要来自表面摩擦,而在高速流动时,流动阻力主要是形体阻力。由实验观察发现,对于由细小的不规则的颗粒组成的颗粒床,流体在其中的流动是极慢流动(又称爬流),此时,流动阻力主要来自表面摩擦,与颗粒总表面积成正比,而与通道的形状关系甚小。这样,就把通道的几何形状的复杂性问题一举消除了。

2. 颗粒床的物理模型

根据上述分析,在保证单位表面积相等的前提下,对图 1 - 2(a)所示的复杂的不均匀网状通道可简化为 n 个平行排列均匀细管组成的管束[图 1 - 2(b)],并假定:

(1)细管的内表面积等于床层颗粒的全部表面积;

(2)细管的全部流动空间等于颗粒床层的空隙容积。

根据上述假定,可推导如下:

等表面积:
$$LA(1 - \varepsilon)a = n\pi d_e L_e \tag{1 - 12}$$

等空隙容积:
$$LA\varepsilon = n\frac{\pi}{4}d_e^2 L_e \tag{1 - 13}$$

式中:L——颗粒床高度;

L_e——虚拟细管的当量长度;

A——颗粒床截面积;

d_e——虚拟细管的当量直径;

a——颗粒的比表面积。

两式相除,可得:
$$d_e = \frac{4\varepsilon}{a(1 - \varepsilon)} \tag{1 - 14}$$

按此简化的物理模型,流体通过固定床的压降相当于流体通过一组当量直径为 d_e,当量长度为 L_e 的细管的压降。

3. 建立数学模型

上述简化的物理模型,已将流体通过复杂几何边界的颗粒床层的压降简化为通过均匀圆管的压降：

$$h_f = \frac{\Delta p}{\rho} = \lambda \frac{L_e}{d_e} \frac{u_1^2}{2} \qquad (1-15)$$

式中，u_1 为流体在细管内的流速，取与实际颗粒床中颗粒空隙间的流速相等，它与空床流速（表观流速）u 的关系为：

$$u_1 = \frac{u}{\varepsilon} \qquad (1-16)$$

将式（1-14）和式（1-16）代入式（1-15），得到：

$$\frac{\Delta p}{L} = \left(\lambda \frac{L_e}{8L} \right) \frac{(1-\varepsilon)a}{\varepsilon^3} \rho u^2 \qquad (1-17)$$

细管长度 L_e 与实际床层高度 L 不等，但可认为 L_e 与实际床层高度 L 成正比，即 $\frac{L_e}{L}$ = 常数，并将其并入阻力系数，于是有：

$$\frac{\Delta p}{L} = \lambda' \frac{(1-\varepsilon)a}{\varepsilon^3} \rho u^2 \qquad (1-18)$$

其中：

$$\lambda' = \frac{\lambda}{8} \frac{L_e}{L} \qquad (1-19)$$

式（1-18）即为流体通过颗粒床压降的数学模型，其中包括一个未知的待定系数 λ'，称为模型参数，就其物理含义而言，也可称为颗粒床的流动摩擦系数。

留下的问题，就是如何描述颗粒的总表面积，处理的方法是：

（1）根据几何面积相等的原则，确定非球形颗粒的当量直径。

（2）根据总面积相等的原则，确定非均匀颗粒的平均直径。

4. 模型的检验和模型参数的估值

上述床层的简化处理只是一种假定，其有效性必须经过实验检验，其中的模型参数 λ' 亦必须由实验测定。康采尼和欧根等均对此进行了实验研究，获得了不同实验条件下不同范围的 λ' 与 Re' 的关联式。如在流速较低，床层雷诺数 <2 的情况下，有：

$$\lambda' = \frac{K'}{Re'} \qquad (1-20)$$

式中：K'——康采尼（Kozeny）常数，其值为 5.0；

Re'——床层雷诺数。

$$Re' = \frac{d_e u_1 \rho}{4\mu} = \frac{\rho u}{a(1-\varepsilon)\mu} \qquad (1-21)$$

对于各种不同的床层,康采尼常数 K' 的误差不超过 10% ,这表明上述的简化模型是实际过程的合理简化。

四、数学模型法和量纲分析法的比较

数学模型法和量纲分析法的最大区别在于,量纲分析法并不要求研究者对过程的内在规律有确切的理解,而数学模型法则要求研究者对过程的内在规律有正确的认识。对于数学模型法,决定成败的关键是能否得到一个足够简单而又不失真的物理模型。只有充分地认识了过程的特殊性并根据特定的研究目的加以利用,才有可能对真实的复杂过程进行大幅度的合理简化。对于量纲分析法,决定成败的关键在于能否完整地列出影响过程的主要因素。只要做若干析因分析实验,考察每个变量对实验结果的影响程度即可。在量纲分析法指导下的实验研究只能得到过程的外部联系,而对过程的内部规律则不甚了然。然而,这正是量纲分析法的一大特点,它使量纲分析法成为对各种研究对象原则上皆适用的一般方法。

无论是数学模型法还是量纲分析法,最后都是要通过实验解决问题,但两者的实验目的并不相同。数学模型法的实验目的是为了估算模型参数并检验模型的合理性;而量纲分析法的实验目的是为了确定各无量纲数之间的函数关系。

第四节　其他实验方法

一、过程变量分离法

对于包括单元操作在内的许多工程问题,由于过程变量和设备变量交织在一起,使得所处理的工程问题变得复杂。但是,如果可以在众多变量之间将交联较弱者切开,即有可能使问题大为简化,从而易于解决,这就是过程变量分离法。

例如,低浓度气体吸收时计算填料层高度 Z 的基本关系式:

$$Z = \frac{V}{K_Y a\Omega} \int_{Y_2}^{Y_1} \frac{\mathrm{d}Y}{Y - Y^*}$$

式中: V ——惰性气体的摩尔流量, $\mathrm{kmol/s}$;

Ω ——填料塔截面积, $\mathrm{m^2}$;

K_Y ——气相总吸收系数, $\mathrm{kmol/(m^2 \cdot s)}$;

a ——填料层的有效比表面积, $\mathrm{m^2/m^3}$;

Y ——被吸收组分在气相中的摩尔比,无量纲数。

在实际计算时,将上式中 $\dfrac{V}{K_Y a\Omega}$ 定义为"气相总传质单元高度",以 H_{OG} 表示;将 $\int_{Y_2}^{Y_1} \dfrac{\mathrm{d}Y}{Y - Y^*}$ 定义为"气相总传质单元数",以 N_{OG} 表示。 H_{OG} 反映了设备传质性能的好坏(传质阻力的大小、填料性能的优劣及润湿情况好坏),其值越大,设备传质性能越差,完成一定的分离任务所需的

填料层就越高。N_{OG}取决于分离任务的要求和相平衡关系,与设备性能无关,它反映了分离任务的难易程度,其值越大,表明分离越难,要完成一定的分离任务所需的填料层就越高。这样,就把复杂的填料塔吸收过程分解为两个问题,即完成一个规定任务,需要的传质单元数,以及填料的传质单元高度的估算。对于每种填料而言,传质单元高度的变化幅度并不大,若能从有关资料中查得或根据经验公式算出传质单元高度的值,用来估算完成指定吸收任务所需的填料层高度,就比较方便。

二、过程分解与合成法

过程分解与合成方法是将一个复杂的过程(或系统)分解为联系较少或相对独立的若干个子过程或子系统,分别研究各子过程本身特有的规律,再将各过程联系起来以考察各子过程之间的相互影响以及整体过程的规律。例如,结晶是一个复杂的传热、传质过程,反应结晶过程尤其如此,在不同的物理(流体力学等)化学(组分组成等)环境下,反映出不同的结晶行为。按其过程进行的顺序,我们可将反应结晶过程分解为两个子过程:反应过程和结晶过程,它们之间的内在联系为反应产物的过饱和度,即先由反应过程产生过饱和度,再由过饱和度产生成核和晶体生长。

过程分解与合成法是处理复杂问题的一种有效方法,这一方法的优点是先考察局部,再研究整体,可大幅度减少实验次数。例如,一个包含 6 个变量,各变量之间相互关联的过程,若每个变量改变 4 个水平,按网格法设计实验,需要的实验次数为 $4^6 = 4096$。假如通过对过程的研究发现可将整个过程分解为两个相对独立的子过程,每个子过程分别包括 3 个变量,如果每个变量仍改变 4 个水平做实验,则实验次数变为 $4^3 + 4^3 = 128$。可见,在将过程分解之后,实验次数大幅度减少。

值得注意的是,在应用过程分解与合成法研究工程问题时,对每个子过程所得的结论只适用于该子过程。譬如通过实验研究得到了某一子过程的最优设计或操作参数,但子过程的最优并不等于整个过程的最优,因为整个过程在相当程度上受关键子过程的影响,关键子过程常被称为过程的控制步骤。在不同的条件下,同一过程的控制步骤可能不同。

三、冷模实验法

在前文介绍量纲分析法时,已提及流体流动的模拟实验。冷模实验主要用于流动状态、传递过程等物理过程的模拟研究,通过模拟实验结果去分析、推测实际过程。例如,利用空气和水可进行气液传质的实验研究,为气液传质设备的设计和改造提供参考;利用空气和沙进行流态化的实验研究,为流化床反应器设计提供依据。此种利用空气、水和沙等模拟物料替代真实物料,在与工业装置结构尺寸相似的实验装置中,研究各种工程因素对过程影响规律的实验,称为"冷模实验"。对在真实条件下不便或不可能进行的实验,常采用冷模实验来进行类比,该方法的优点是直观、经济、减少实验的危险性,实验结果可推广应用于其他实际流体,可将小尺寸实验设备的实验结果推广应用于大型工业装置。

☞ **思考题**

1. 直接实验法可对被研究的对象进行直接观察和分析研究,由直接实验法得到的结果往往较为可靠,但当影响因素较多时,需要合理的实验设计方案,请列出并学习几种常用的实验设计方法。

2. 采用量纲分析法研究工程问题时,一般规定长度、质量、时间、温度这4种物理量为基本量纲,请思考如何确定和选用基本量纲。

3. 列管换热器是工业生产中广泛使用的间壁式换热设备。对于流体无相变时的强制对流传热过程,根据理论分析及有关实验研究,可以认为,影响管内侧对流传热系数 α_i 的因素有:管内径 d_i、流体的黏度 μ、密度 ρ、比热容 c_p、导热系数 λ 以及流速 u。它们可用函数关系 $\alpha_i = f(d_i, \rho, \mu, \lambda, c_p, u)$ 来表示。请用量纲一致性原则和 π 定理,推导出该函数关系的无量纲表达式。

4. 化工过程中常用的半经验半理论模型有其适用范围,一般是通过有限范围内实验数据的拟合而获得,不宜大幅度外推。在引用半经验半理论模型时,需要注意哪些问题?

5. 过程分解与合成法是处理复杂问题的一种有效方法。但在运用该方法时,通常必须明确控制步骤。过程的控制步骤会随条件的改变而不同吗?

第二章 实验误差分析和数据处理

在实验中,由于实验方法和实验设备的不完善、周围环境的影响,以及人的观察力等原因,实验测量值(包括直接和间接测量值)和真值(客观存在的准确值)之间,不可避免存在一定的差异。误差即为实验测量值与真值之差,误差的存在是必然的具有普遍性的。误差的大小表示每次测量值相对于真值不符合的程度。误差有以下含义:

(1)误差永远不等于零。不管人们主观愿望如何,也不管人们在测量过程中如何精心细致地控制,误差还是要产生的,误差的存在是客观绝对的。

(2)误差具有随机性。在相同的实验条件下,对同一个研究对象反复进行多次的实验、测试或观察,所得到的总不是一个确定的结果,即实验结果具有不确定性。

(3)误差是未知的,通常情况下,由于真值是未知的,研究误差时,一般都从偏差入手。

人们常用绝对误差、相对误差或有效数字来说明一个近似值的准确程度。为了减小实验误差,必须对测量过程和实验中存在的误差进行研究。通过实验误差的分析,可以认清误差的来源及其影响,确定导致实验总误差的主要因素,从而在准备实验方案和研究过程中,正确组织实验过程,合理选用仪器和测量方法,减小产生误差的来源,提高实验的质量。

第一节 实验的误差

测量是人类认识事物本质必不可少的手段。人们通过测量和实验能对事物获得定量的概念并发现事物的规律性。科学上很多新的发现和突破都是以实验和测量为基础的。测量就是用实验的方法,将被测物理量与选用作为标准的同类量进行比较,从而确定其大小。

一、真值与平均值

真值是待测物理量客观存在的确定值,也称理论值或定义值。通常真值是无法测得的。若在实验中,测量的次数无限多时,根据误差的分布定律,正负误差的出现概率相等。再经过仔细地消除系统误差,将测量值加以平均,可以获得非常接近于真值的数值。但是实际上实验测量的次数总是有限的。用有限测量值求得的平均值只能是近似真值,常用的平均值有下列几种:

1. 算术平均值

设 $x_1, x_2, \cdots, x_n$ 为各次测量值,n 代表测量次数,则算术平均值为:

$$\bar{x} = \frac{x_1 + x_2 + \cdots + x_n}{n} = \frac{1}{n} \sum_{i=1}^{n} x_i \qquad (2-1)$$

算术平均值是最常见的一种平均值,当测量的分布服从正态分布时,用最小二乘法原理可证明:在一组等精度的测量中,算术平均值为最佳值或最可信赖值。

2. 几何平均值

几何平均值是将一组 n 个测量值连乘后开 n 次方求得的平均值。即:

$$\bar{x}_n = \sqrt[n]{x_1 \cdot x_2 \cdot \cdots \cdot x_n} \tag{2-2}$$

以对数表示为:

$$\lg \bar{x}_n = \frac{1}{n} \sum_{i=1}^{n} \lg x_i \tag{2-3}$$

当测量值的分布服从对数正态分布时,常用几何平均值。可见,几何平均值的对数等于这些测量值的对数的算术平均值。几何平均值常小于算术平均值。

3. 对数平均值

对数平均值常用于热量与质量传递过程,测量值的对数平均值总小于算术平均值。设两个量 x_1, x_2,其对数平均值为:

$$\bar{x}_{对} = \frac{x_1 - x_2}{\ln \dfrac{x_1}{x_2}} \tag{2-4}$$

当 $\dfrac{x_1}{x_2} = 2$ 时,$\bar{x}_{对} = 1.443 x_2$,$\bar{x} = 1.50 x_2$,则:

$$\left| \frac{\bar{x}_{对} - \bar{x}}{\bar{x}_{对}} \right| = 4.0\%$$

即当 $\dfrac{1}{2} < \dfrac{x_1}{x_2} < 2$ 时,可以用算术平均值代替对数平均值,引起的误差不超过4.0%。

4. 均方根平均值

均方根平均值常用于计算气体分子的平均动能,其定义式为:

$$\bar{x}_{均} = \sqrt{\frac{x_1^2 + x_2^2 + \cdots + x_n^2}{n}} = \sqrt{\frac{1}{n} \sum_{i=1}^{n} x_i^2} \tag{2-5}$$

以上介绍各平均值的目的都是要从一组测量值中找出最接近真值的测量值。在工程实验和科学研究中,数据的分布较多属于正态分布,故常用算术平均值。

二、误差的分类

根据误差的性质和产生的原因,一般分为三类。

1. 系统误差

系统误差是指在测量和实验中由某些固定不变的因素所引起的误差。在相同条件下进行多次测量,其误差数值的大小和正负保持恒定,或误差条件改变按一定规律变化。即有的系统误差随时间呈线性、非线性或周期性变化,有的不随测量时间变化。

系统误差产生的原因:测量仪器不良,如刻度不准、安装不正确、仪表零点未校正或标准本身存在偏差等;周围环境的改变,如温度、压力、湿度等偏离校准值;测量方法,如近似的测量方法或近似的计算公式等引起的误差;实验人员的习惯和偏向,如读数偏高或偏低等引起的误差。

针对测量仪器、周围环境、测量方法、个人的偏向等因素,因其有固定的偏向和确定的规律,待分别加以校正后,系统误差是可以清除的。

2. 随机误差

随机误差是指在已消除系统误差的一切量值的观测中,所测数据仍在末一位或末两位数字上有差别,而且它们的绝对值和符号的变化没有确定的规律,这类误差又称为偶然误差。随机误差是由某些不易控制的因素造成的,如测量值的波动,肉眼观察欠准确等,因而无法消除。但是,倘若对某一量值作足够多次的等精度测量后,就会发现随机误差完全服从统计规律,误差的大、小或正、负的出现完全由概率决定。因此,随着测量次数的增加,随机误差的算术平均值趋近于零,所以多次测量结果的算术平均值将更接近于真值。研究随机误差可采用概率论统计方法。

3. 过失误差

过失误差是一种显然与事实不符的误差。它往往是由于实验人员粗心大意、过度疲劳和操作不正确等原因引起的读数错误、记录或操作失败。此类误差无规律可循,因其往往与正常值相差很大,故只要加强责任感、多方警惕、细心操作,过失误差是可以避免的。这类误差应在整理数据时依据常用的准则加以剔除。

上述三种误差之间,在一定条件下可以相互转化。例如:温度计刻度划分有误差,对厂家来说是随机误差;一旦用它进行温度测量时,温度计的分度测量结果将形成系统误差。随机误差与系统误差间并不存在绝对的界限。同样,对于过失误差,有时也难以和随机误差相区别,从而当作随机误差来处理。

三、精密度、正确度、准确度和精确度

1. 基本概念

(1)精密度。测量中所测得数值的重现程度,称为精密度。它反映随机误差的影响程度,精密度高就表示随机误差小。

(2)正确度。测量值与真值的偏移程度,称为正确度。它反映系统误差的影响程度,正确度高就表示系统误差小。

(3)准确度。它反映测量中所有系统误差和随机误差的综合程度。

(4)精确度。反映测量结果与真实值接近程度的量,称为精确度(又称精度)。它与误差大小相对应,测量的精度越高,其测量误差就越小。"精确度"应包括精密度和正确度两层含义。

2. 精密度、正确度和准确度的关系

在一组测量中,精密度高的正确度不一定高,正确度高的精密度也不一定高,但准确度高,则精密度和正确度都高。

为了说明精密度、正确度与准确度的区别,可用下述打靶子例子来说明。

图 2 - 1(a)中表示精密度和正确度都很好,则准确度高;图 2 - 1(b)表示精密度很好,但正确度和准确度都不高;图 2 - 1(c)表示精密度不好,但正确度高准确度却不高。在实际测量中没有像靶心那样明确的真值,而是设法去测定这个未知的真值。

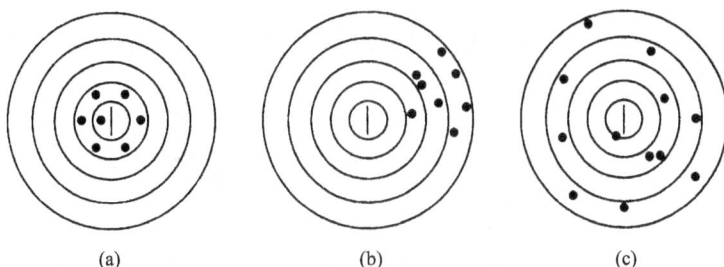

图 2 - 1　精密度、正确度和准确度的关系

人们在实验过程中,往往满足于实验数据的重现性,而忽略了数据测量值的准确程度。绝对真值是不可知的,人们只能订出一些国际标准作为测量仪表精确性的参考标准。随着人类认识运动的推移和发展,可以逐步逼近绝对真值。

四、误差的表示方法

利用任何量具或仪器进行测量时,总存在误差,测量结果总不可能准确地等于被测量的真值,而只是它的近似值。测量的质量高低以测量准确度作指标,根据测量误差的大小来估计测量的准确度。测量结果的误差愈小,则认为测量就愈准确。

1. 绝对误差

测量值 x 和真值 A_0 之差为绝对误差,通常称为误差。记为:

$$D = x - A_0 \qquad (2-6)$$

由于真值 A_0 一般无法求得,因而上式只有理论意义,常用高一级标准仪器的示值作为实际值 A,以代替真值 A_0。由于高一级标准仪器存在较小的误差,因而 A 不等于 A_0,但总是更接近于 A_0,x 与 A 之差称为仪器的示值绝对误差。记为:

$$d = x - A \qquad (2-7)$$

与 d 相反的数称为修正值,记为:

$$C = -d = A - x \qquad (2-8)$$

通过鉴定,可以由高一级标准仪器给出被检仪器的修正值 C,利用修正值可以求出仪器的

实际值 A,即:

$$A = x + C \qquad (2-9)$$

绝对误差虽然很重要,但用它还不足以说明测量的准确程度。换句话说,它还不能给出测量准确与否的完整概念。此外,有时测量得到相同的绝对误差可能导致准确度完全不同的结果。例如,要判别称量的好坏,单单知道最大绝对误差等于 1g 是不够的,因为如果所称量物体本身的质量有几十千克,那么,绝对误差 1g,表明此次称量的质量是高的;同样,如果所称量的物质本身仅有 2~3g,那么,这又表明此次称量的结果毫无用处。

显而易见,为了判断测量的准确度,必须将绝对误差与所测量值的真值相比较,即求出其相对误差,才能说明问题。

2. 相对误差

衡量某一测量值的准确度,一般用相对误差来表示。示值绝对误差 d 与被测量的实际值 A 的百分比值称为实际相对误差。记为:

$$E = \frac{d}{A} \times 100\% \qquad (2-10)$$

以仪器的示值 x 代替实际值 A 的相对误差称为示值相对误差。记为:

$$e = \frac{d}{x} \times 100\% \qquad (2-11)$$

一般来说,除了某些理论分析外,用示值相对误差较为适宜。

3. 引用误差

为了计算和划分仪器精确度等级,提出引用误差概念,其定义为仪表示值的绝对误差与量程范围之比,即:

$$\delta_A = \frac{d}{X_n} \times 100\% \qquad (2-12)$$

式中:d——示值的绝对误差;

X_n——标尺上限值与标尺下限值之差(量程范围)。

4. 算术平均误差

算术平均误差是各个测量值的误差的算术平均值,即:

$$\delta_{\text{平}} = \frac{1}{n} \sum |d_i| \quad (i = 1, 2, \cdots, n) \qquad (2-13)$$

式中:n—— 测量次数;

d_i—— 第 i 次测量的误差。

5. 标准误差 σ

标准误差亦称为均方根误差,其定义为:

$$\sigma = \sqrt{\frac{1}{n} \sum D_i^2} \qquad\qquad (2-14)$$

式(2 – 14)适用于无限测量的场合。实际测量工作中,测量次数是有限的,则改用下式:

$$\sigma = \sqrt{\frac{1}{n-1} \sum d_i^2} \qquad\qquad (2-15)$$

标准误差不是一个具体的误差,σ 的大小只说明在一定条件下等精度测量集合所属的每一个测量值对其算术平均值的分散程度,如果 σ 的值愈小则说明每一次测量值对算术平均值分散度就愈小,测量的准确度就愈高,反之准确度就愈低。

在化工原理实验中最常用的 U 形管压差计、转子流量计、秒表、量筒、电压表等仪表原则上均取其最小刻度值为最大误差,而取其最小刻度值的一半作为绝对误差计算值。

五、测量仪器的精度

测量仪器的精度等级是用最大引用误差(又称允许误差)来表示的,它等于仪器表示值中的最大绝对误差与仪表的量程范围之比的百分数,即:

$$\delta_{\max} = \frac{d_{\max}}{X_n} \times 100\% \qquad\qquad (2-16)$$

式中:$\delta_{\max}$——仪表的最大测量引用误差;

$d_{\max}$——仪表示值的最大绝对误差;

X_n——标尺上限值与标尺下限值之差(量程范围)。

通常情况下是用标准仪表校验较低的仪表。所以,最大示值绝对误差就是被校表与标准表之间的最大绝对误差。

测量仪表的精度等级是国家统一规定的,把允许误差中的百分号去掉,剩下的数字就称为仪表的精度等级。仪表的精度等级常以圆圈内的数字标明在仪表的面板上。例如某台压力计的允许误差为 1.5%,这台压力计的精度等级就是 1.5,通常简称 1.5 级仪表。

仪表的精度等级为 a,它表明仪表在正常工作条件下,其最大引用误差的绝对运用误差的绝对值 $\delta_{\max}$ 不能超过的界限,即:

$$\delta_{\max} = \frac{d_{\max}}{X_n} \times 100\% \leqslant a\% \qquad\qquad (2-17)$$

由式(2 – 17)可知,在应用仪表进行测量时所能产生的最大绝对误差(简称误差限)为:

$$d_{\max} \leqslant X_n \cdot a\% \qquad\qquad (2-18)$$

而用仪表测量的最大相对误差为:

$$\delta_{\max} = \frac{d_{\max}}{X_n} \leqslant a\% \cdot \frac{X_{n\pm}}{x} \qquad\qquad (2-19)$$

由式(2-19)可以看出,用指示仪表测物某一被测物所能产生的最大测量引用误差,不会超过仪表允许误差 $a\%$ 乘以仪表测量上限 $X_{n上}$ 与测量值 x 的比。在实际测量中为可靠起见,可用式(2-20)对仪表的测量误差进行估计,即:

$$\delta_m = a\% \cdot \frac{X_{n上}}{x} \qquad\qquad (2-20)$$

[例2-1] 今欲测量大约6kPa(表压)的空气压力,试验仪表用:

(1)1.5 级,量程0.2MPa 的弹簧管式压力表;

(2)标尺分度为1mm 的 U 形管水银压差计;

(3)标尺分度为1mm 的 U 形管水柱压差计。

试求各试验仪表的相对误差。

解:

(1)压力表:

绝对误差:$d = 0.2 \times 0.015 = 0.003\,MPa = 3\,kPa$

相对误差:$e = \frac{3}{6} \times 100\% = 50\%$

(2)U 形管水银压差计:

绝对误差:$d = 0.5 \times 1 \times 13.6 \times 9.81 = 66.71\,Pa$

相对误差:$e = \frac{66.71}{6 \times 1000} \times 100\% = 1.11\%$

(3)U 形管水柱压差计:

绝对误差:$d = 0.5 \times 1 \times 1 \times 9.81 = 4.91\,Pa$

相对误差:$e = \frac{4.91}{6 \times 1000} \times 100\% = 0.082\%$

可见用量程较大的仪表,测量数值较小的物理量时,相对误差较小。

[例2-2] 欲测量约 90V 的电压,实验室现有 0.5 级 0~300V 和 1.0 级 0~100V 的电压表。问选用哪一种电压表进行测量为好?

解:

用0.5级0~300V 的电压表测量 90V 的电压的相对误差为:

$$\delta_{m\,0.5} = a_1\% \cdot \frac{U_{n上1}}{U} = 0.5\% \times \frac{300}{90} = 1.7\%$$

用1.0级0~100V 的电压表测量 90V 的电压的相对误差为:

$$\delta_{m\,1.0} = a_2\% \cdot \frac{U_{n上2}}{U} = 1.0\% \times \frac{100}{90} = 1.1\%$$

本例说明,如果选择得当,用量程范围适当的 1.0 级仪表进行测量,能得到比用量程范围大的 0.5 级仪表更准确的结果。因此,在选用仪表时,应根据被测量值的大小,在满足被测量数值范围的前提下,尽可能选择量程小的仪表,并使测量值大于所选仪表满刻度的 2/3,即 $x > \dfrac{2}{3}X_{n上}$。这样既可以达到满足测量误差要求,又可以选择精度等级较低的测量仪表,从而降低仪表的成本。

六、误差的基本性质和数据选择

在化工原理实验中通过直接测量或间接测量得到有关的参数数据,这些参数数据的可靠程度如何? 如何提高其可靠性? 因此,必须研究在给定条件下误差的基本性质和变化规律。

1. 误差的基本性质——正态分布

如果测量数据中不包括系统误差和过失误差,从大量的实验中发现随机误差的大小有以下特征:

(1)绝对值小的误差比绝对值大的误差出现的机会多,即误差的概率与误差的大小有关。这是误差的单峰性;

(2)绝对值相等的正误差或负误差出现的次数相当,即误差的概率相同。这是误差的对称性;

(3)极大的正误差或负误差出现的概率都非常小,即大的误差一般不会出现。这是误差的有界性;

(4)随着测量次数的增加,随机误差的算术平均值趋于零。这是误差的抵抗性。

根据以上误差特征,可以得出误差出现的概率分布图,如图 2 - 2 所示。

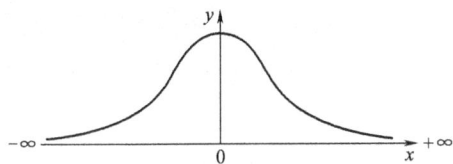

图 2 - 2　误差分布曲线

图 2 - 2 中横坐标表示偶然误差,纵坐标表示误差出现的概率,图中曲线称为误差分布曲线,以 $y = f(x)$ 表示。其数学表达式由高斯于 1795 年提出,具体形式为:

$$y(x) = \frac{1}{\sqrt{2\pi}\sigma}e^{\frac{x^2}{-2\sigma^2}} \qquad (2-21)$$

式中:x——随机误差;

y——概率密度函数;

σ——标准误差。

或写成:

$$f(x) = \frac{h}{\sqrt{\pi}}e^{-h^2x^2} \qquad (2-22)$$

式中:h——精确度指数。

σ 和 h 的关系为:

$$h = \frac{1}{\sqrt{2}\sigma} \qquad (2-23)$$

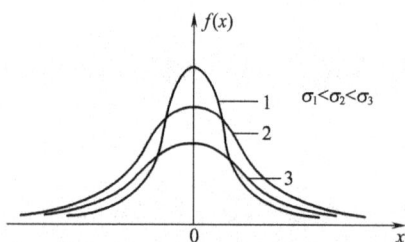

图 2 - 3　不同 σ 的误差分布曲线

式(2 - 21)和式(2 - 22)都称为高斯误差分布定律,亦称为误差方程。若误差按上述函数关系分布,则称为正态分布。当 $\sigma = 1$ 时为标准正态分布。

σ 越小,测量精度越高,分布曲线的峰越高且窄;σ 越大,分布曲线越平坦且越宽,如图 2 - 3 所示。由此可知,σ 越小,小误差占的比重越大,测量精度越高。反之,则大误差占的比重越大,测量精度越低。

2. 误差的数据选择

(1)测量集合的最佳值。在测量精度相同的情况下,测量一系列观测值 $M_1, M_2, \cdots, M_n$ 所组成的测量集合,假设平均值为 M_m,则各次测量误差为:

$$x_i = M_i - M_m \qquad (i = 1, 2, \cdots, n) \qquad (2 - 24)$$

当采用不同的方法计算平均值时,所得到误差值不同,误差出现的概率亦不同。若选取适当的计算方法,使误差最小,才能实现概率最大。这就是最小乘法值。由此可见,对于一组精度相同的观测值,采用算术平均得到的值是该组观测值的最佳值。

由误差定义可知,误差是观测值和真值之差。在没有系统误差存在的情况下,以无限多次测量所得的算术平均值为真值。当测量次数有限时,所得到的算术平均值近似于真值,称最佳值。因此,观测值与真值之差不同于观测值与最佳值之差。

(2)可疑观测值的舍弃。由概率积分可知,随机误差正态分布曲线下的全部积分,相当于全部误差同时出现的概率,即:

$$p = \frac{1}{\sqrt{2\pi}\sigma} \int_{-\infty}^{\infty} e^{-\frac{x^2}{2\sigma^2}} dx = 1 \qquad (2 - 25)$$

若误差 x 以标准误差 σ 的倍数表示,即 $x = t\sigma$,则在 $\pm t\sigma$ 范围内出现的概率为 $2\phi(t)$,超出这个范围的概率为 $1 - 2\phi(t)$。$\phi(t)$ 称为概率函数,表示为:

$$\phi(t) = \frac{1}{\sqrt{2\pi}} \int_0^t e^{-\frac{t^2}{2}} dt \qquad (2 - 26)$$

$2\phi(t)$ 与 t 对应值在数学手册或专著中均附有此类积分表,读者需要时可自行查取。在使用积分表时,需已知 t 值。由图 2 - 4 和表 2 - 1 给出几个典型及其相应的超出或不超出的 $|x|$ 概率。

由表 2 - 1 可知,当 $t = 3$,$|x| = 3\sigma$ 时,在 370 次观测中只有一次测量的误差超过 3σ 范围。在有限次的观测中,一般测量次数不超过 10 次,可以认为误差大于 3σ,可能由于过失误

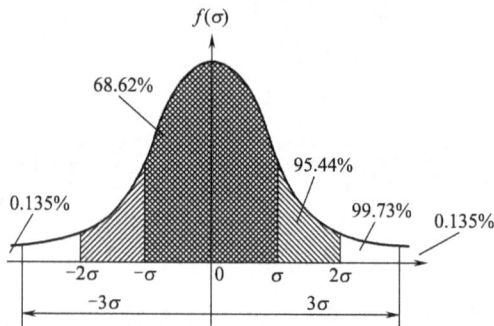

图 2 - 4　误差分布曲线的积分

表2-1　误差概率和出现次数

t	$\|x\| = t\sigma$	不超出$\|x\|$的 概率$2\phi(t)$	超出$\|x\|$的 概率$1-2\phi(t)$	测量次数 n	超出$\|x\|$的 测量次数
0.67	0.67σ	0.497 14	0.502 86	2	1
1	1σ	0.682 69	0.317 31	3	1
2	2σ	0.954 50	0.045 50	22	1
3	3σ	0.997 30	0.002 70	370	1
4	4σ	0.999 91	0.000 9	111 11	1

差或实验条件变化未被发觉等原因引起的。因此,凡是误差大于3σ的数据点予以舍弃。这种判断可疑实验数据的原则称为3σ准则。

第二节　实验数据的测量和误差估算

一、实验数据的测量

1. 有效数据的读取

在工程实验过程中,经常会遇到以下两类数据:

第一类:无量纲数据。这一类数据均为无因次,如:圆周率(π)等以及一些经验公式的常数值等。对于这一类数据的有效数字,其位数在选取时可多可少,通常依据实际需要而定。

第二类:有量纲的数据。这类数据用来表示测量的结果。在实验过程中,所测量的数据大多是这一类,如:压力(P)、流量(q)和温度(t)等。这一类数据的特点是除了具有特定的单位外,其最后一位数字通常是由测量仪器的精确度决定的估计数字。就这类数据测量的难易程度和采用的测量方法而言,一般可利用直接测量和间接测量两种方法进行测量。

(1)直接测量时有效数字的读取。直接测量是实现物理量测量的基础,在实验过程中应用十分广泛,如:用压力计测量压力或压差、用秒表测量时间和用温度计测量温度等。直接测量的有效数字的位数取决于测量仪器的精确度。测量时,一般有效数字的位数可保留到测量仪器最小刻度的后一位,这最后一位即为估计数字。如图2-5所示,使用精确度为0.1cm的刻度尺测量长度时,其数据可记为22.26cm,其有效数字为4位,最后一位为估计数字,其大小可随实验者的读取习惯不同而略有差异。

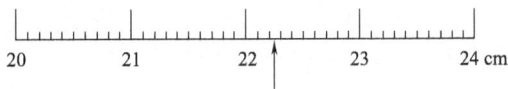

图2-5　刻度尺示数的读取

若测量仪器的最小刻度不以1×10^n为单位(图2-6),则估计数字为测量仪器的最小刻度位即可。

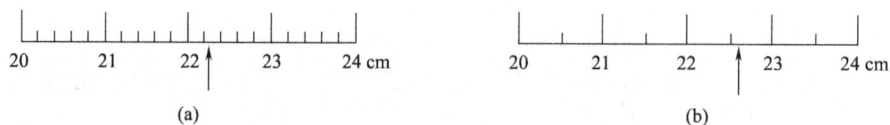

图 2-6 最小刻度不同的刻度尺数据的读取

其数据可记为:图 2-6(a)22.3cm,有效数字为 3 位;图 2-6(b)22.7cm,有效数字为 3 位。

(2)间接测量时有效数字的选取。实验过程中,有些物理量难于直接测量时,可选用间接测量法,如:测量水箱中水的质量,可通过测量水箱内水的体积计算得到;测量圆管内流体的流速,可通过测量流体的体积流量及圆管的直径计算得到。通过间接测量得到的有效数字的位数与其相关的直接测量的有效数字有关,其取舍方法服从有效数字的计算规则。

2. 有效数字的计算规则

(1)"0"在有效数字中的作用。测量的精度是通过有效数字的位数表示的,有效数字的位数应是除定位用的"0"以外的其余数位,用来指示小数点位数或定位的"0"不是有效数字。

对于"0",必须注意,50g 不一定是 50.00g,它们的有效数字位数不同,前者为 2 位,后者为 4 位;而 0.050g 虽然为 4 位数字,但有效数字仅为 2 位。

在科学研究与工程计算中,为了清楚地表示出数据的精确度,可采用科学记数法表示。其方法为:先将有效数字写出,并在第一个有效数字后面加上小数点,并用 10 的整数幂表示数值的数量级。例如:98100 的有效数字有 4 位,可以写成 9.810×10^5,若其只有 3 位有效数字可以写成 9.81×10^5。

(2)有效数字的舍入规则。在数字计算过程中,确定有效数字位数,舍去其余位数的方法通常是将末位有效数字后边的第一位数字采用四舍五入的计算规则。若在一些精度要求较高的场合,则采用如下方法。

①末尾有效数字后的第一位数字若小于 5,则舍去。

②末尾有效数字后的第一位数字若大于 5,则将末尾有效数字加上 1。

③末尾有效数字后的第一位数字若等于 5,则由末尾有效数字的奇偶而定,当其为偶数或 0 时,不变;当其为奇数时,则加上 1,变为偶数或 0。

如对下面几个数保留 3 位有效数字,则:

$$25.44 \rightarrow 25.4 \qquad 25.45 \rightarrow 25.4$$
$$25.47 \rightarrow 25.5 \qquad 25.55 \rightarrow 25.6$$

(3)有效数字的运算规则。在数据计算过程中,一般所得数据的位数很多,已超过有效数字的位数,这样就需将多余的位数舍去,其运算规则如下。

①在加减运算中,各数所保留的小数点后的位数,与各数中小数点后的位数最少的相一致。例如将 13.65,0.0082,1.632 三个数相加,应写为:

$$13.65 + 0.01 + 1.63 = 15.29$$

②在乘除运算中,各数所保留的位数,以原来各数中有效数字位数最少的那个数为准,所得

结果的有效数字位数,亦应与原来各数中有效数字最少的那个数相同。例如将 0.0121,25.64,1.05782 三个数相乘,应写为:

$$0.0121 \times 25.6 \times 1.06 = 0.328$$

③在对数计算中,所取对数位数与真数有效数字位数相同。例如:

$$\lg 55.0 = 1.74 \qquad \ln 55.0 = 4.01$$

二、误差估算

1. 直接测量的误差估算

在实验中,由于实验条件所限或其他原因,对一个物理量的直接测量有时只进行一次,这时可以根据具体情况,对测量值的误差进行合理的估算。下面介绍如何根据所使用的仪表估算一次测量的误差。

(1)给出准确度等级类的仪表。如电工仪表、数显仪、转子流量计等仪表一般都给出准确度等级(即精度等级),对于这类仪表可通过仪表的精度等级和量程范围估算一次测量值的误差。

①准确度的表示方法。这些仪表的准确度常采用仪表的最大引用误差和准确度等级来表示。

仪表的最大引用误差的定义为:

$$最大引用误差 = \frac{仪表示值的绝对误差值}{该仪表相当档次量程的绝对值} \times 100\% \qquad (2-27)$$

式(2-27)中仪表示值的绝对误差值是指在规定的正常情况下,被测参数的测量值与被测参数的标准值之差的绝对值的最大值。对于多档仪表,不同档次示值的绝对误差和量程范围均不相同。式(2-27)表明,若仪表示值的绝对误差相同,则量程范围愈大,最大引用误差愈小。

我国电工仪表的准确度等级(p 级)有 7 种:0.1、0.2、0.5、1.0、1.5、2.5、5.0。

一般来说,如果仪表的准确度等级为 p 级,则说明该仪表最大引用误差不会超过 $p\%$,而不能认为它在各刻度点上的示值误差都具有 $p\%$ 的准确度。

②测量误差的估算。设仪表的准确度等级为 p 级,则最大引用误差为 $p\%$。设仪表的量程范围为 x_n,仪表的示值为 x,则该示值的误差为:

绝对误差: $$D(x) \leq x_n \times p\% \qquad (2-28)$$

相对误差: $$E_r(x) = \frac{D(x)}{x} \leq \frac{x_n}{x} \times p\% \qquad (2-29)$$

若仪表的准确度等级 p 级和量程范围 x_n 已固定,则测量的示值 x 愈大,测量的相对误差愈小。因此,选用仪表时,不能盲目地追求仪表的准确度等级。因为测量的相对误差还与 $\frac{x_n}{x}$ 有关,所以应兼顾仪表的准确度等级和 $\frac{x_n}{x}$ 的值。因此,在选用仪表时,要纠正单纯追求准确度等级越高越好的倾向,而应根据被测量值的大小,兼顾仪表的级别和测量上限,合理地选择仪表。

（2）不给出准确度等级类的仪表。如天平类一般不给出准确度等级，对于这类仪器仪表可通过其分度值和量程范围估算一次测量值的误差。

①准确度的表示方法。这些仪表的准确度用下式表示：

$$仪表的准确度 = \frac{0.5 \times 名义分度值}{量程范围} \qquad (2-30)$$

名义分度值是指测量仪器最小分度所代表的数值。如 TG—328A 型天平，其名义分度值（感量）为 0.1mg，测量范围为 0～20g，则其准确度为：

$$准确度 = \frac{0.5 \times 0.1}{(200-0) \times 10^3} = 2.5 \times 10^{-7}$$

若仪器的准确度已知，也可用式（2-30）求得其名义分度值。

②测量误差的估算。使用这类仪表时，测量值的误差可用下式来确定。

绝对误差： $\qquad D(x) \leqslant 0.5 \times 名义分度值 \qquad (2-31)$

相对误差： $\qquad E_r(x) = \frac{0.5 \times 名义分度值}{测量值} \qquad (2-32)$

从以上两类仪表看，测量值越接近于量程上限，其测量准确度越高；测量值越远离量程上限，其测量准确度越低。这就是为什么使用仪表时，尽可能在仪表满刻度值的 2/3 以上量程内进行测量的缘由所在。

2. 间接测量的误差估算

上述主要是直接测量的误差计算问题，但在许多场合，往往涉及间接测量的变量。所谓间接测量是通过直接测量与被测量之间有一定函数关系的其他量，并根据函数关系计算出被测量。因此，间接测量值就是直接测量得到的各个测量值的函数，其测量误差是各个测量值误差的函数。

（1）函数误差的一般形式。在间接测量中，一般为多元函数，可表示为：

$$y = f(x_1, x_2, \cdots, x_m)$$

式中：y——间接测量值；

x_i——直接测量值。

由泰勒级数展开得：

$$\Delta y = \frac{\partial f}{\partial x_1} \Delta x_1 + \frac{\partial f}{\partial x_2} \Delta x_2 + \cdots + \frac{\partial f}{\partial x_m} \Delta x_m$$

或：

$$\Delta y = \sum_{i=1}^{\infty} \frac{\partial f}{\partial x_i} \Delta x_i$$

它的极限误差为：

$$\Delta y = \sum_{i=1}^{\infty} \left| \frac{\partial f}{\partial x_i} \Delta x_i \right| \qquad (2-33)$$

式中: $\dfrac{\partial f}{\partial x_i}$ —— 误差传递系数;

　　　Δx_i —— 直接测量值的误差;

　　　Δy —— 间接测量值的极限误差或称函数极限误差。

由误差的基本性质和标准误差的定义,可得函数的标准误差为:

$$\sigma = \sqrt{\sum_{i=1}^{m} \left(\frac{\partial f}{\partial x_i} \right)^2 \sigma_i^2} \qquad (2-34)$$

式中: σ_i —— 直接测量值的标准误差。

(2)某些函数误差的计算。

①设函数 $y = x \pm z$,变量 x、z 的标准误差分别为 σ_x、σ_z。

由于误差传递系数为:

$$\frac{\partial y}{\partial x} = 1, \frac{\partial y}{\partial z} = \pm 1$$

则函数的极限误差为:

$$\Delta y = |\Delta x| + |\Delta z| \qquad (2-35)$$

函数的标准误差为:

$$\sigma_y = \sqrt{\sigma_x^2 + \sigma_z^2} \qquad (2-36)$$

②设 $y = K \dfrac{xz}{w}$,变量 x、z、w 的标准误差分别为 σ_x、σ_z、σ_w。

由于误差传递系数分别为:

$$\frac{\partial y}{\partial x} = \frac{Kz}{w} = \frac{y}{x}, \ \frac{\partial y}{\partial z} = \frac{Kx}{w} = \frac{x}{z}, \frac{\partial y}{\partial w} = -\frac{Kxz}{w^2} = -\frac{y}{w}$$

则函数的极限误差为:

$$\Delta y_R = |\Delta x_R| + |\Delta z_R| + |\Delta w_R| \qquad (2-37)$$

函数的标准误差为:

$$\sigma_y = \sqrt{\left(\frac{z}{w} \right)^2 \sigma_x^2 + \left(\frac{x}{w} \right)^2 \sigma_z^2 + \left(\frac{xz}{w^2} \right)^2 \sigma_w^2} \qquad (2-38)$$

③设函数 $y = a + bx^n$,变量 x 的标准误差 σ_x,a、b、n 为常数。

由于误差传递系数为:

$$\frac{\partial y}{\partial x} = nbx^{n-1}$$

则函数的极限误差为:

$$\Delta y = \left| nbx^{n-1}\Delta x \right| \qquad (2-39)$$

函数的标准误差为:

$$\sigma_y = nbx^{n-1}\sigma_x \qquad (2-40)$$

④设函数 $y = k + n\ln x$,变量 x 的标准误差 σ_x,k、n 为常数。

由于误差传递系数为:

$$\frac{\partial y}{\partial x} = \frac{n}{x}$$

则函数的极限误差为:

$$\Delta y = \left| \frac{n}{x}\Delta x \right| \qquad (2-41)$$

函数的标准误差为:

$$\sigma_y = \frac{n}{x}\sigma_x \qquad (2-42)$$

⑤算术平均值的误差。由算术平均值的定义知:

$$M_m = \frac{M_1 + M_2 + \cdots + M_n}{n}$$

由于误差传递系数为:

$$i = 1,2,\cdots,m$$

则算术平均值的误差为:

$$\Delta M = \frac{\sum_{i=1}^{n} \left| \Delta M_i \right|}{n} \qquad (2-43)$$

算术平均值的标准误差为:

$$\sigma_m = \sqrt{\frac{1}{n}\sum_{i=1}^{n}\sigma_i^2} \qquad (2-44)$$

当 $M_1,M_2,\cdots,M_n$ 是同组精度测量值时,它们的标准误差相同,并等于 σ,则算术平均值的标准误差为:

$$\sigma_m = \frac{\sigma}{\sqrt{n}} \qquad (2-45)$$

所以除了以上讨论由已知各变量的误差或标准误差来计算函数的误差外,还可应用于实验装置的设计和实验装置的改进。如在实验装置设计时,如何去选择仪表的精度,即由预先给定的函数误差(实验装置允许的误差)求取各测量值(直接测量)所允许的最大误差。但由于直接测量的变量不是一个,在数学上则是不定解。为了获得唯一解,假定各变量的误差对函数误差的传递相同,这种设计的原则称为等效应原则或等传递原则,即:

$$\sigma_y = \sqrt{n}\,\frac{\partial f}{\partial x_i}\sigma_i \qquad\qquad (2-46)$$

或:

$$\sigma_i = \frac{\sigma_y}{\sqrt{n}\,\dfrac{\partial f}{\partial x_i}} \qquad\qquad (2-47)$$

[例2-3] 用量热器测定固体比热容时采用如下所示的公式:

$$c_p = \frac{m_水(t_2-t_0)}{m(t_1-t_2)}c'_p$$

式中:$m_水$——量热器内水的质量,g;

    m——被测物体的质量,g;

    t_0——测量前水的温度,℃;

    t_1——放入量热器前物体的温度,℃;

    t_2——测量时水的温度,℃;

    c'_p——水的比热容,J/(g·K)。

测量结果如下:

$$m_水 = (250 \pm 0.2)g \qquad\qquad m = (62.31 \pm 0.02)g$$
$$t_0 = (13.52 \pm 0.01)℃ \qquad\qquad t_1 = (99.32 \pm 0.04)℃$$
$$t_2 = (17.79 \pm 0.01)℃$$

试求测量物的比热容之真值,并确定能否提高测量精度。

解:根据题意,计算函数真值,需计算各变量的绝对误差和误差传递系数。为了简化计算,令 $\theta_0 = t_2 - t_0 = 4.27℃$,$\theta_1 = t_1 - t_2 = 81.53℃$,则题中公式改写为:

$$c_p = \frac{m_水\,\theta_0}{m\theta_1}c'_p$$

各变量的绝对误差分别为:

$$\Delta m_水 = 0.2g,\ \Delta\theta_0 \approx |\Delta t_2| + |\Delta t_0| = 0.01 + 0.01 = 0.02℃$$
$$\Delta m = 0.02g,\ \Delta\theta_1 \approx |\Delta t_1| + |\Delta t_2| = 0.04 + 0.01 = 0.05℃$$

则各变量的误差传递系数分别为:

$$\frac{\partial c_p}{\partial m_水} = \frac{\theta_0}{m\theta_1} = \frac{4.27}{62.31 \times 81.53} = 8.41 \times 10^{-4}$$

$$\frac{\partial c_p}{\partial m} = \frac{m_\text{水}\theta_0}{m^2\theta_1} = -\frac{250 \times 4.27}{62.31^2 \times 81.53} = -3.37 \times 10^{-3}$$

$$\frac{\partial c_p}{\partial \theta_0} = \frac{m_\text{水}}{m\theta_1} = \frac{250}{62.31 \times 81.53} = 4.92 \times 10^{-2}$$

$$\frac{\partial c_p}{\partial \theta_1} = \frac{m_\text{水}\theta_0}{m\theta_1^2} = \frac{250 \times 4.27}{62.31 \times 81.53^2} = -2.58 \times 10^{-3}$$

则函数的绝对误差为:

$$
\begin{aligned}
\Delta c_p &= \sqrt{\left(\frac{\partial c_p}{\partial m_\text{水}}\Delta m_\text{水}\right)^2 + \left(\frac{\partial c_p}{\partial m}\Delta m\right)^2 + \left(\frac{\partial c_p}{\partial \theta_0}\Delta \theta_0\right)^2 + \left(\frac{\partial c_p}{\partial \theta_1}\Delta \theta_1\right)^2} \\
&= \left[(8.41 \times 10^{-4} \times 0.2)^2 + (3.37 \times 10^{-3} \times 0.02)^2 + \right. \\
&\quad \left. (4.92 \times 10^{-2} \times 0.02)^2 + (-2.58 \times 10^{-3} \times 0.05)^2\right]^{\frac{1}{2}} \\
&= 1 \times 10^{-2}\text{J}/(\text{g}\cdot\text{K})
\end{aligned}
$$

又:

$$c_p = \frac{250 \times 4.27}{62.31 \times 81.53} = 0.2101\text{J}/(\text{g}\cdot\text{K}) \approx 0.210\text{J}/(\text{g}\cdot\text{K})$$

故比热容的真值为:

$$c_p = (0.210 \pm 0.001)\text{J}/(\text{g}\cdot\text{K})$$

由有效位数考虑,以上测量的结果精度已满足要求。若仅考虑有效位数,尚需从比较各变量的测量精度确定是否可能提高测量精度,则本例可从分析各变量的相对误差着手解决。

各变量的相对误差分别为:

$$E_{m_\text{水}} = \frac{\Delta m_\text{水}}{m_\text{水}} = \frac{0.2}{250} = 8.000 \times 10^{-4} = 0.08000\%$$

$$E_m = \frac{\Delta m}{m} = \frac{0.02}{62.31} = 3.21 \times 10^{-4} = 0.03210\%$$

$$E_{\theta_0} = \frac{\Delta \theta_0}{\theta_0} = \frac{0.02}{4.27} = 4.684 \times 10^{-3} = 0.4684\%$$

$$E_{\theta_1} = \frac{\Delta \theta_1}{\theta_1} = \frac{0.05}{81.53} = 6.133 \times 10^{-4} = 0.06133\%$$

其中以 θ_0 的相对误差0.468%为最大,是 $m_\text{水}$ 的5.85倍,是 m 的14.63倍。为了提高 c_p 的测量精度,可改善 θ_0 的测量仪表的精度,即提高测量水温的温度计精度,如采用贝克曼温度计,分度值可达0.002,精度 ±0.001。若量热器的精度用贝克曼温度计的精度,则:

$$E_{\theta_0} = \frac{\Delta \theta_0}{\theta_0} = \frac{0.002}{4.27} = 4.684 \times 10^{-4} = 0.04684\%$$

由此可知,各变量的精度基本相当。提高 θ_0 的精度后, c_p 的绝对误差为:

$$\Delta c_p = \left[(8.41 \times 10^{-4} \times 0.2)^2 + (3.37 \times 10^{-3} \times 0.02)^2 \right.$$
$$\left. + (4.92 \times 10^{-2} \times 0.002)^2 + (-2.58 \times 10^{-3} \times 0.05)^2 \right]^{\frac{1}{2}}$$
$$\approx 2 \times 10^{-4} \text{J}/(\text{g} \cdot \text{K})$$

则系统提高精度后, c_p 的真值为:

$$c_p = \left[0.2101 \pm (2 \times 10^{-4}) \right] \text{J}/(\text{g} \cdot \text{K})$$

第三节　实验数据的整理与处理方法

一、实验数据的整理

实验数据整理是将实验中获得的一系列原始数据经过分析、计算整理成各变量之间的定量关系,并用最适宜的方式,如将其归纳成为图表或者经验公式表示出来,用以验证理论、指导实践与生产。因此实验数据整理是整个实验过程中一个非常重要的环节。实验数据整理方法有如下三种。

1. 列表表示法

列表表示法简称列表法,它将实验数据列成表格以表示各变量间的关系。这通常是整理数据的第一步,为标绘曲线或整理成为方程打下基础。列表表示法是将实验直接测定的数据,或根据测量值计算得到的数据,按照自变量和因变量的关系以一定的顺序列出数据表格,在拟定记录表格时应注意以下问题。

(1)单位应在名称栏中详细标明,不要和数据写在一起。

(2)同一列的数据必须真实反映仪表的精确度,即数字写法应注意有效数字的位数,每行之间的小数点对齐。

(3)对于数量级很大或很小的数,在名称栏中应乘以适当的倍数。例如: $Re = 26100$,用科学记数法表示 $Re = 2.61 \times 10^4$ 。列表时,项目名称写为 $Re \times 10^{-4}$,数据表中数字则写为 2.61 ,这种情况在化工数据表中经常遇到。在这样表示的同时,还要注意有效数字位数的保留,不要轻易放弃有效数位。

(4)整理数据时应尽可能将计算过程中始终不变的物理量归纳为常数,避免重复计算。如在离心泵特性曲线的测定实验中,泵的转速为恒定值,可直接记为 $n = 2840 \text{r/min}$ 。

(5)在实验数据归纳表中,应详细地列明实验过程记录的原始数据及通过实验过程要求得到的实验结果,同时,还应列出实验数据计算过程中较为重要的中间数据。如在传热实验中,空气的流量就是计算过程一个重要的数据,也应将其列入数据表中。

(6)在实验数据表格的后面,要附以数据计算示例,从数据表中任选一组数据,举例说明所用的计算公式与计算方法,表明各参数之间的关系,以便阅读或进行校核。

在化工实验中,列表法的应用十分广泛,常用于记录原始数据及汇总实验结果,为进一步绘图、回归公式及建立模型提供方便。

2.图示表示法

列表法一般难于直接观察到数据间的规律,故常需将实验结果用图形表示。图示表示法简称图示法,它将实验数据在坐标纸上绘成曲线,直观而清晰地表达出各变量之间的相互关系,分析极值点、转折点、变化率及其他特性;为便于比较,还可以根据曲线得到相应的方程式;某些精确的图形还可用于不知数学表达式的情况下进行图表积分和微分。图示法与列表法相比,能更直观地反映出变量之间的关系,显示出变化趋势及变化的最高点、最低点、转折点和周期性等,并能清晰地比较不同条件下的结果。根据所标绘的实验曲线还可以帮助数据处理者选择描述曲线的函数形式,便于分析整理得到数学关系式。准确的图形还可以在不知数学表达式的情况下进行微积分运算,因此得到广泛的应用。图示法是实验数据整理的常用方法。

作图过程中应遵循一些基本准则,否则将得不到预期的结果,甚至会出现错误的结论。作曲线图时必须依据一定的准则,只有遵守这些准则,才能得到与实验点位置偏差最小而光滑的曲线图形。以下是化工实验中正确作图的一些基本准则。

(1)图纸的选择。在绘图过程中,常用的图纸有直角坐标纸、单对数坐标纸和双对数坐标纸等。要根据变量间的函数关系,选定一种坐标纸。坐标纸的选择方法如下:

①对于符合方程 $y=ax+b$ 的数据,直接在直角坐标纸上绘图即可,可画出一条直线。

②对于符合方程 $y=k^{ax}$ 的数据,经两边取对数可变为 $\lg y=ax\cdot\lg k$,在单对数坐标纸上绘图,可画出一条直线。

③对于符合方程 $y=ax^m$ 的数据,经两边取对数可变为 $\lg y=\lg a+m\lg x$,在双对数坐标纸上绘图,可画出一条直线。

④当变量多于两个时,如 $y=f(x,z)$,在作图时,先固定 z 一个变量,并给出固定值,求出 $(y-x)$ 关系,这样可得每个 z 值下的一组图线。

此外,某变量最大值与最小值数量级相差很大时;或自变量 x 从零开始逐渐增加的初始阶段,x 少量增加会引起因变量的极大变化时,均可采用对数坐标。

(2)坐标的分度。坐标的分度指每条坐标轴所代表物理量的大小,即选择适当的坐标比例尺。一般取独立变量为 x 轴,因变量为 y 轴,在两轴侧要标明变量名称、符号和单位。坐标分度的选择,要能够反映实验数据的有效数字位数,即与被标的数值精度一致。分度的选择还应使数据容易读取。而且分度值不一定从零开始,以使所得图形能占满全幅坐标纸,匀称居中,避免图形偏于一侧。若在同一张坐标纸上,同时标绘几组测量值或计算数据,应选用不同符号加以区分(如使用■,●,○等)。

在按点描线时,所绘图形可为直线或曲线,但所绘线形应是光滑的,且应使尽量多的点落于线上,若有偏离线上的点,应使其均匀地分布在线的两侧。

对数坐标系的选择,与直角坐标系的选择稍有差异,在选用时应注意以下几点问题:

①标在对数坐标轴上的值是真值,而不是对数值。

②对数坐标原点为(1,1),而不是(0,0)。

③由于0.01,0.1,1,10,100等数的对数分别为 -2, -1,0,1,2 等,所以在对数坐标纸上每一数量级的距离是相等的,但是同一数量级内的刻度并不是等分的。

④选用对数坐标系时,应严格遵循图纸标明的坐标系,不能随意将其旋转及缩放使用。

⑤对数坐标系上求直线斜率的方法与直角坐标系不同,应在对数坐标纸上量取线段长度求取,如图2-7所示AB线的斜率的对数计算形式为:

$$\eta = \frac{L_y}{L_x} = \frac{\lg y_1 - \lg y_2}{\lg x_1 - \lg x_2} \tag{2-48}$$

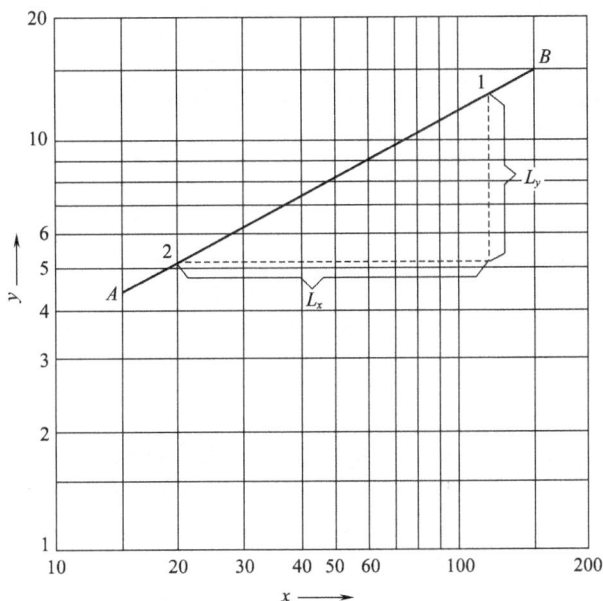

图2-7 双对数坐标系

⑥在双对数坐标系上,直线与 $x=1$ 处的纵轴相交点的 y 值,即为方程 $y = ax^m$ 中的系数值 a。若所绘制的直线在图面上不能与 $x=1$ 处的纵轴相交,则可在直线上任意取一组数据 x 和 y 代入原方程 $y = ax^m$ 中,通过计算求得系数值 a。

3. 方程表示法

为工程计算的方便,通常需将实验数据或计算结果用数学方程或经验公式的形式表示出来。

在化学工程中,经验公式通常表示成无量纲的数群或准数关系式。遇到的问题大多是如何确定公式中的常数或系数。经验公式或准数关系式中的常数和系数的求法很多,最常用的是图解求解法和最小二乘法。

(1)图解求解法。用于处理能在直角坐标系上直接标绘出一条直线的数据,很容易求出直线方程的常数和系数。在绘图形时,有时两个变量之间的关系并不是线性的,而是符合某种曲线关系,为了能够比较简单地找出变量间的关系,以便回归经验方程和对其进行数据分析,常将这些曲线进行线性化。通常,可线性化的曲线包括六大类,详见表 2 - 2。

表 2 - 2　可线性化的曲线

序号	图　　形	函数及线性化方法
1		双曲线函数 $y = \dfrac{x}{ax + b}$ 令 $Y = \dfrac{1}{y}$,$X = \dfrac{1}{x}$,则得直线方程: $Y = a + bX$
2		S 形曲线 $y = \dfrac{1}{a + be^{-x}}$ 令 $Y = \dfrac{1}{y}$,$X = e^{-x}$,则得直线方程: $Y = a + bX$
3		指数函数 $y = ae^{bx}$ 令 $Y = \lg y$,$X = x$,$k = b\lg e$,则得直线方程: $Y = \lg a + kX$
4		指数函数 $y = ae^{\frac{b}{x}}$ 令 $Y = \lg y$,$X = \dfrac{1}{x}$,$k = b\lg e$,则得直线方程: $Y = \lg a + kX$
5		幂函数 $y = ax^{b}$ 令 $Y = \lg y$,$X = \lg x$,则得直线方程: $Y = \lg a + bX$

序号	图　　形	函数及线性化方法
6		对数函数 $y = a + b\lg x$ 令 $Y = y, X = \lg x$，则得直线方程： $Y = a + bX$

（2）最小二乘法。使用图解求解法时，在坐标纸上标点会有误差，而根据点的分布确定直线的位置时，具有较大的人为性，因此，用图解法确定直线斜率及截距常不够准确。较为准确的方法是最小二乘法，其原理为：最佳的直线就是能使各数据点同回归线方程求出值的偏差的平方和为最小，也就是一定点落在直线上的概率为最大。

二、实验数据的处理

1. 数据回归方法

（1）一元线性回归。一元回归是处理两个变量之间关系的方法，通过分析得到经验公式，若变量之间为线性关系，则称为一元线性回归，这是工程和科学研究中经常遇到的回归处理。在了解一元线性回归的基本方法与原理的基础上，可以采用计算机辅助手段完成计算过程，相关内容参见有关手册，此处不再叙述。

（2）多元线性回归。前面仅讨论两个变量的回归问题，其中因变量只与一个自变量有关，这是较简单的情况。但在大多数的实际问题中，影响因变量的因数不是一个而是多个，称这类回归为多元回归分析。具体求解方法可参考有关手册。

（3）非线性回归。实际问题中变量间的关系很多属于非线性的，如指数函数、对数函数、双曲函数等，处理这些非线性函数的方法是将其转化为线性函数，也可以直接回归，具体可参考有关手册。

2. 数值计算方法

在化学工程中，除了数据的回归与拟合，还经常遇到的一类问题就是定积分的数值计算，例如：传热过程中传热推动力的计算，吸收过程中，传质系数的求取等。对于定积分的计算问题，一般利用图解积分或数值计算求得近似值。较为常用的数值计算方法有复式辛普森积分法。用复式辛普森公式进行计算可以得到较为精确的定积分值，并可用计算机辅助进行程序计算，更为方便可靠，具体的方法可参考数值分析等有关书籍。

☞ 思考题

1. 根据误差的性质及产生的原因，可将误差分为哪三类？分别简述三类误差产生的原因。

2. 测量的质量和水平，可用误差概念来描述，也可用准确度等概念来描述。为了指明误差的来源和性质，通常用哪三个概念描述，并说明它们之间的关系。

3. 在实验中,如对物理量的测量只进行一次,可根据具体情况对测量值的误差进行合理的估计,即为直接测量值的估算,直接测量值的估算方法有哪两种?

4. 实验数据整理是将实验中获得的一系列原始数据经过分析、计算整理成各变量之间的定量关系,并用最适宜的方法表示出来,它是整个实验过程中一个非常重要的环节。通常实验数据中各变量之间的定量关系可用哪三种形式来表示?

5. 实验数据中各变量之间的定量关系的三种表示法,在实际应用时,各自要注意的问题是什么?

第三章　测量仪表和测量方法

第一节　流体压强的测量

在化工生产和实验中,经常遇到考察液体流动阻力、某处压力或真空度、用节流式流量计测量流量等,这些过程的本质都是进行压强的测量。

常用的测量压力的仪表很多,按其工作原理大致可分为三大类:液柱式压差计、弹性式压差计和电气式压差计。

一、液柱式压差计

液柱式压差计是基于流体静力学原理设计,把被测压差转换成液柱高度而成的。其结构比较简单,精度较高。既可用于测量流体的压强,也可用于测量流体的压差。它有以下基本形式。

1.U形管压差计

U形管压差计的结构如图3-1所示,它用一根粗细均匀的玻璃管弯制而成,也可用两根粗细相同的玻璃管做成连通器形式。内装有液体作为指示液,U形管压差计两端连接两个测压点,当U形管两边压强不同时,两边液面便会产生高度差R,根据流体静力学基本方程可知:

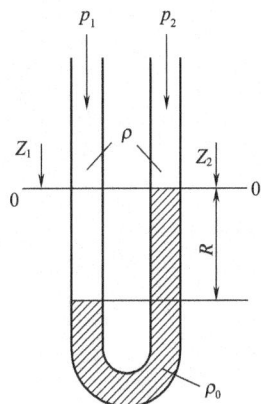

图3-1　U形管压差计

$$p_1 + Z_1\rho g + R\rho g = p_2 + Z_2\rho g + R\rho_0 g \tag{3-1}$$

当被测管段水平放置时($Z_1 = Z_2$),上式可简化为:

$$\Delta p = p_1 - p_2 = (\rho_0 - \rho)gR \tag{3-2}$$

式中:ρ_0——U形管内指示液的密度,kg/m^3;

　　　ρ——管路中流体密度,kg/m^3;

　　　R——U形管指示液两边液面差,m。

使用U形管压差计应注意:

(1)U形管压差计常用的指示液为汞和水。当被测压差很小,且流体为水时,还可用氯苯($\rho_{25℃} = 1106kg/m^3$)和四氯化碳($\rho_{25℃} = 1584kg/m^3$)作指示液。

记录U形管读数正确的方法是:同时指明指示液和待测流体的名称。例如待测流体为水,

指示液为汞,液柱高度为50mm时,Δp的读数应表示为:

$$\Delta p = 50mm \times (\rho_{Hg} - \rho_{H_2O})$$

若U形管一端与设备或管道连接,另一端与大气相通,这时读数所反映的是管道中某截面处流体的绝对压强与大气压之差,即为表压强。因为$\rho_{H_2O} \gg \rho_{空气}$,所以:

$$\rho_表 = (\rho_{H_2O} - \rho_{空气})gh \approx \rho_{H_2O}gh$$

(2)使用U形管压差计时,要注意每一具体条件下液柱高度读数的合理下限。

①若被测压差稳定,根据刻度读数一次所产生的绝对误差为0.75mm,读取一个液柱高度值的最大绝对误差为1.5mm。如要求测量的相对误差≤3%,则液柱高度读数的合理下限为1.5/0.03 = 50mm。

②若被测压差波动很大,一次读数的绝对误差将增大,假定为1.5mm,读取一次液柱高度值的最大绝对误差为3mm,测量的相对误差≤3%,则液柱高度读数的合理下限为3/0.03 = 100mm,当实测压差的液柱减小至30mm时,则相对误差增大至3/30 = 10%。

(3)汞的密度很大,作为U形管指示液是很理想的,但容易跑汞,污染环境。

2. 单管压差计

单管压差计是U形压差计的变形,用一只杯形代替U形压差计中的一根管子,如图3-2所示。由于杯的截面$S_杯$远大于玻璃管的截面$S_玻$(一般情况下$S_杯/S_玻 \geq 200$),所以其两端有压强差时,根据等体积原理,细管一边的液柱升高值h_1远大于杯内液面下降h_2,即$h_1 \gg h_2$,这样h_2可忽略不计,在读数时只需读一边液柱高度,误差比U形压差计减少一半。

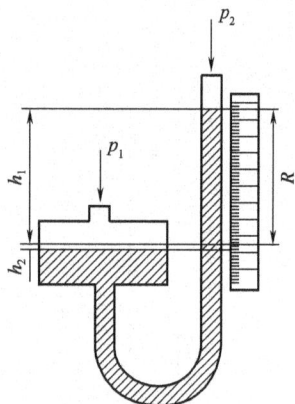

图3-2 单管压差计

3. 倾斜式压差计

倾斜式压差计是将U形压差计或单管压差计的玻璃管与水平方向作α角度的倾斜。它使读数放大了$1/\sin\alpha$倍,即$R' = R/\sin\alpha$,如图3-3所示。

Y—61型倾斜微压计是根据此原理设计制造的,其结构如图3-4所示。微压计用密度为

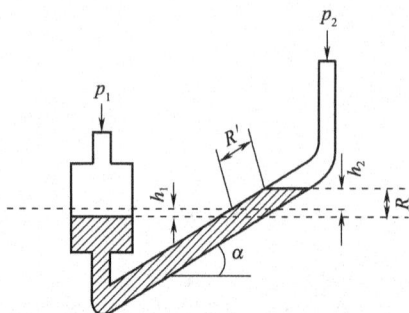

图3-3 倾斜式压差计

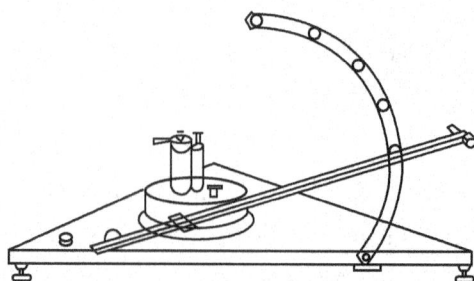

图3-4 Y—61型倾斜微压计

$810kg/m^3$ 的酒精作指示液,不同倾斜角的正弦值以相应的 0.2,0.3,0.4 和 0.5 数值,标刻在微压计的弧形支架上,以供使用时选择。

4. 倒 U 形管压差计

倒 U 形管压差计的结构如图 3−5 所示。这种压差计的特点是以空气为指示液,适用于较小压差的测量。

倒 U 形管压差计使用时也要排气,操作原理与 U 形压差计相同,在排气时 3、4 两个旋塞全开。排气完毕后,调整倒 U 形管内的水位,如果水位过高,关 3、4 旋塞,可打开上旋塞 5,以及 1、2 旋塞;如果水位过低,关闭 1、2 旋塞,打开顶部旋塞 5 及 3 或 4 旋塞,使部分空气排出,直至水位合适为止。

5. 双液微压差计

双液微压差计用于测量微小压差,如图 3−6 所示。它一般用于测量气体压差的场合,其特点是 U 形管中装有 A、C 两种密度相近的指示液,且 U 形管两臂上设有一个截面积远大于管截面积的"扩大室"。

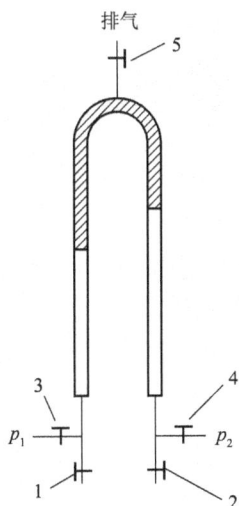

图 3−5　倒 U 形管压差计

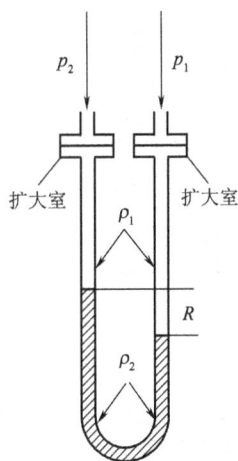

图 3−6　双液微压差计

对两指示液的要求是尽可能使两者密度相近,且有清晰的分界面。工业上常用石蜡油和工业酒精,实验中常用的有氯苯、四氯化碳、苯甲基醇和氯化钙浓液等,其中氯化钙浓液的密度可以用不同的浓度来调节。

当玻璃管径较小时,指示液易与玻璃管发生毛细现象,所以液柱式压差计应选用内径不小于 5mm(最好大于 8mm)的玻璃管,以减小毛细现象带来的误差。因为玻璃管的耐压能力低,过长易破碎,所以液柱式压差计一般仅用于 $1 \times 10^5 Pa$ 以下的正压或负压(或压差)的场合。

二、弹性式压差计

弹性式压差计是利用各种形式的弹性元件,在被测介质的压力作用下产生相应的弹性变形

（一般用位移大小表示），根据变形程度来测出被测压力的数值。

弹性元件不仅是弹性式压差计的感测元件，也常用作气动单元组合仪表的基本组成元件，应用较广，常用的弹性元件有单圈弹簧管、多圈弹簧管、波纹膜片、波纹管，它们的结构如图 3 - 7 所示。

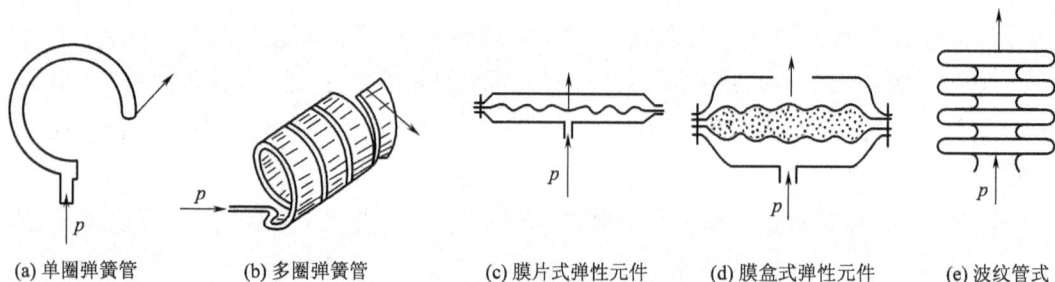

(a) 单圈弹簧管   (b) 多圈弹簧管   (c) 膜片式弹性元件   (d) 膜盒式弹性元件   (e) 波纹管式

图 3 - 7   常用弹性元件

根据弹性元件的不同形式，弹性式压差计可以分为相应类型。目前实验室中最常见的是弹簧管压差计，它的测量范围宽，应用广泛，其结构如图 3 - 8 所示。

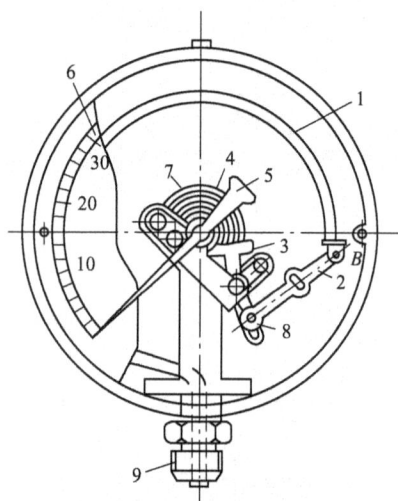

图 3 - 8   弹簧管压差计

1—弹簧管 2—拉杆 3—扇形齿轮
4—中心齿轮 5—指针 6—面板
7—游丝 8—调整螺丝 9—接头

弹簧管压差计的测量元件是一根弯成 270°圆弧的椭圆截面的空心金属管，其自由端封闭，另一端与测压点相接。当通入压力后，由于椭圆形截面在压力作用下趋向圆形，弹簧管随之产生向外挺直的扩张变形——产生位移，此位移量由封闭着的一端带动机械传动装置，使指针显示相应的压力值。该压差计用于测量正压，称为压力表。测量负压时，称为真空表。

在选用弹簧管压差计时，应注意工作介质的物性和量程。操作压力较稳定时，操作指示值应选在其量程的 2/3 处。若操作压力经常波动，应在其量程的 1/2 处。同时还应注意其精度，在表盘下方小圆圈中的数字代表该表的精度等级。对于一般指示常使用 2.5 级、1.5 级、1 级，对于测量精度要求较高时，可用 0.4 级以上的表。

三、电气式压差计

电气式压差计一般是将压力的变化转换成电阻、电感或电势等电量的变化，从而实现压力的间接测量。这种压差计反应较迅速，易于远距离传送，在测量压力快速变化、脉动压力、高真空、超高压的场合下较合适。

1. 膜片压差计

膜片压差计的测压弹性元件是平面膜片或柱状的波纹管,受压力后引起变形和位移,经转换变成电信号远传指示,从而实施压强或压差的测量。图 3 – 9 所示为 CMD 型电子膜片压差计。当流体的压强传递到紧压于法兰盘间的弹性膜时,膜受压,其中部向左(右)移动,此项位移带动差动变压器线圈内的铁心移动,通过电磁感应将膜片的行程转换为电信号,再通过电路用动圈式毫伏计显示出来。为了避免压差太大或操作失误时损坏膜片,装有保护挡板,当一侧压差太大时,保护挡板压紧在该侧橡皮片上,从而关闭膜片与高压的通道,使膜片不致超压。

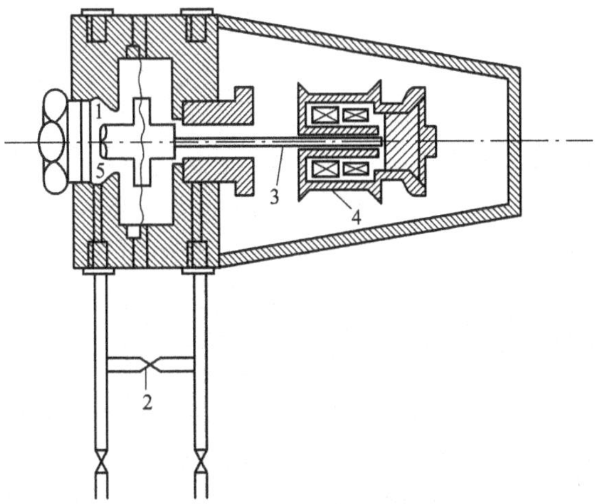

图 3 – 9　CMD 型电子膜片压差计

1—膜片　2—保护挡板　3—铁心
4—差动变压器线圈　5—平衡阀

这种压差计可代替 U 形水银管,消除水银污染,信号又可远传,但精确变化较 U 形管差。

2. 压变片式压差变送器

压变片式压差变送器是利用应变片作为转换元件,将被测压力转换成应变片的电阻值变化,然后经过桥式电流得到毫伏级的电量输出。

应变片是由金属导体或半导体材料制成的电阻体,其电阻随压力所产生的应变而变化。应变电阻值还随环境温度的变化而变化。温度对应变片电阻值有显著影响,从而产生一定的误差,一般采用桥路补偿和应变片自然补偿的方法来清除环境温度变化的影响。

3. 霍尔片式压力变送器

霍尔片式压力变送器是利用霍尔元件将由压力引起的位移转换成电势,从而实现压力的间接测量。一般将霍尔元件和弹簧管配合,组成霍尔片式弹簧管压力变送器,在被测压力作用下,弹簧管自由端产生位移,改变霍尔片在非均匀磁场中的位置,将机械位移量转换成电量——霍尔电势,并将压力信号进行远传和显示。

霍尔传感器的优点是外部尺寸和厚度小,测量精度高,测量范围宽。缺点是效率低。

四、流体压强测量中的技术要点

1. 压差计的正确选用

首先,要正确选用仪表类型。仪表类型的选用必须满足工艺生产或实验研究的要求,如是否需要远传变送、报警或自动记录等,被测介质的物理化学性质和状态(如黏度大小、温度高低,腐蚀性、清洁程度等)是否对测量仪表提出特殊要求,周围环境条件(诸如温度、湿度、振动等)对仪表类型是否有特殊要求等,总之,正确选用仪表类型是保证安全生产及仪表正常工作的重要前提。

其次,要合理选择仪表的量程范围。仪表的量程范围是指仪表刻度的下限值到上限值,它应根据操作中所需测量的参数大小来确定。测量压力时,为了避免压力计超负荷而破坏,压力计的上限值应该高于实际操作中可能的最大压力值。对于弹性式压差计,在被测压力比较稳定的情况下,其上限值应为被测最大压力的4/3倍,在测量波动较大的压力时,其上限值应为被测最大压力的3/2倍。此外,为了保证测量值的准确度,所测压力值不能接近仪表的下限值,一般被测压力的最小值以不低于仪表全量程的1/3为宜。根据所测参数大小计算出仪表的上下限后,还不能以此值作为选用仪表的极限值,因为仪表标尺的极限值不是任意取的,它是由国家主管部门用标准规定的。因此,选用仪表标尺的极限值时,要按照相应的标准中的数值选用(一般在相应的产品目录或工艺手册中可查到)。

再次,要合理选取仪表的精度等级。仪表精度等级是由工艺生产或实验研究所允许的最大误差来确定的。一般来说,仪表越精密,测量结果越精确、可靠。但不能认为选用的仪表精度越高越好,因为越精密的仪表,一般价格越高,维护和操作要求越高。因此,应在满足操作要求的前提下,本着节约的原则,正确选择仪表的精度等级。

2. 测压点的选择

测压点的选择对于正确测量静压值十分重要。根据流体流动的基本原理可知,测压点应选在受流体流动干扰最小的地方。如在管线上测压,测压点应选在离流体上游的管线弯头、阀门或其他障碍物40~50倍管内径的距离,为了使紊乱的流线经过该稳定段后在近壁面处的流线与管壁面平行,形成稳定的流动状态,从而避免动能对测量的影响。根据流动边界层理论,倘若条件所限,不能保证40~50倍管内的稳定段,可设置整流板或整流管,以清除动能的影响。

3. 测压孔口的影响

测压孔又称取压孔,由于在管道壁面上开设了测压孔,不可避免地扰乱了它所在处流体流动的情况,流体流线会向孔内弯曲,并在孔内引起旋涡,这样从测压孔引出的静压强和流体真实的静压强存在误差,此误差与孔附近的流动状态有关,也与孔的尺寸、几何形状、孔轴方向、深度等因素有关。从理论上讲,测压孔径越小越好,但孔口太小使加工困难,且易被脏物堵塞,另外还使测压的动态性能差。一般孔径为0.5~1mm,孔深/孔径≥3,孔的轴线要求垂直壁面,孔周围处的管内壁面要光滑,不应有凹凸或毛刺。

4. 正确安装和使用压差计

关于安装和使用压差计,应注意以下几个方面。

(1)测压孔取向及导压管的安装、使用。

①被测流体为液体时,为防止气体和固体颗粒进入导压管,水平或倾斜管道中取压口安装在管道下半平面,且与垂线的夹角成45°。若测量系统两点的压力差时,应尽量将压差计装在取压口下方,使取压口至压差计之间的导压管方向都向下,这样气体就较难进入导压管。

②被测流体为气体时,为防止液体和固体粉尘进入导压管,宜将测量仪表装在取压口上方。如必须装在下方,应在导压管路最低点处设装沉降器和排污阀,以便排出液体和粉尘,在水平或倾斜管中,气体取压口应安装在管道上半平面,与垂线夹角≤45°。

③当介质为蒸汽时,以靠近取压点处冷凝器内凝液液面为界,将导压管系统分为两部分:取压点至凝液液面为第一部分,内含蒸汽,要求保温良好;凝液液面至测量仪表为第二部分,内含

冷凝液,避免高温蒸汽与测压元件直接接触。

引压管一般做成如图 3 – 10 所示的形式,该形式广泛应用于弹簧管压力计,以保障压力计的精度和使用寿命。除此之外,为了减少蒸汽中冷凝液滴的影响,常在引压管前设置一个截面积较大的冷凝液收集器。

对测量高黏度、有腐蚀性、易冻结、易析出固体的被测流体时,常采用玻璃器和隔离液,如图 3 – 11 所示。正负两隔离器内的两液体界面的高度应相等,且保持不变。因此隔离液器应具有足够大的容积和水平截面积,隔离液除与被测介质不互溶之外,还应与之不起化学反应,且冰点足够低,能满足具体问题的实际需要,常用的隔离液见表 3 – 1。

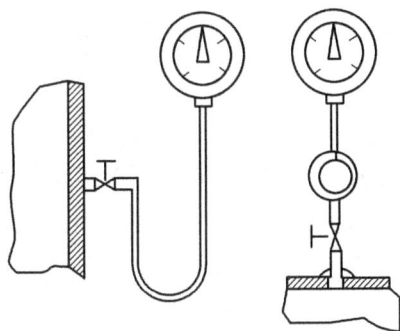

图 3 – 10　引压管形式

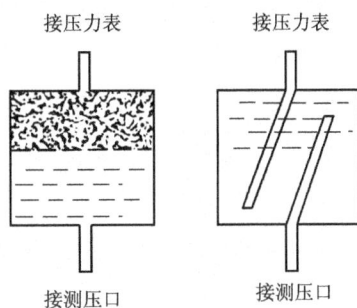

图 3 – 11　玻璃器和隔离液

表 3 – 1　某些介质的隔离液

测量介质	隔 离 液	测量介质	隔 离 液
氯气	98% 浓硫酸或氟油	氨水、水煤气	变压器油
氯化氢	煤油	水煤气	变压器油
硝酸	五氯乙烷	氧气	甘油

④全部导压管应密封良好,无渗漏现象,有时会因极小的渗漏造成很大的测量误差,因此安装导压管后应做一次耐压试验,试验压力为操作压力的 1.5 倍,气密性试验为 5.33×10^4 Pa。

⑤在测压点处要装切断阀门,以便于压差计和引压导管的检修。对于精度级较高的或量程较小的测量仪表,切断阀门可防止压力的突然冲击或过载。

⑥引压导管不宜过长,以减少压力指示的迟缓。如超过 50m,应选用其他远距离传送的测量仪表。

(2)在安装液柱式压差计时,要注意安装的垂直度,读数时视线与分界面之弯月面相切。

(3)安装地点应力求避免振动和高温的影响,弹性式压差计在高温情况下,其指示值将偏高,因此一般应在低于 50℃的环境下工作,或利用必要的防高温防热措施。

(4)在测量液体流动管道上下游两点间压差时,若气体混入,形成气液两相流,其测量结果不可取。因为单相流动阻力与气液两相流阻力的数值及规律性差别很大。

(5)对于多取压点的测量系统,操作时应避免旁路流动,使测量结果准确可靠。

第二节　流体流量的测量

化工测量中常用的流量计有节流式流量计、转子流量计、涡轮流量计和体积式流量计等。下面对各类流量计分别进行介绍。

一、节流式流量计

节流式流量计又称定截面流量计,其特点是节流元件提供流体流动的截面积是恒定的,而其上下游的压强差随着流量(流速)而变化,利用测量压强差的方法来测定流体的流量(流速)。

1. 孔板流量计

孔板流量计是一种应用很广泛的节流式流量计。在管道上插入一片与管轴垂直并带有通常为圆孔的金属板,孔的中心位于管道中心线上,如图3 – 12所示。孔板即为节流元件。流体流经节流元件时,流体流速变化,产生压差变化,流量愈大,压差变化愈大,因而可用压差的大小指示流量。孔板流量计只能用于测定流量,不能测定速度分布。

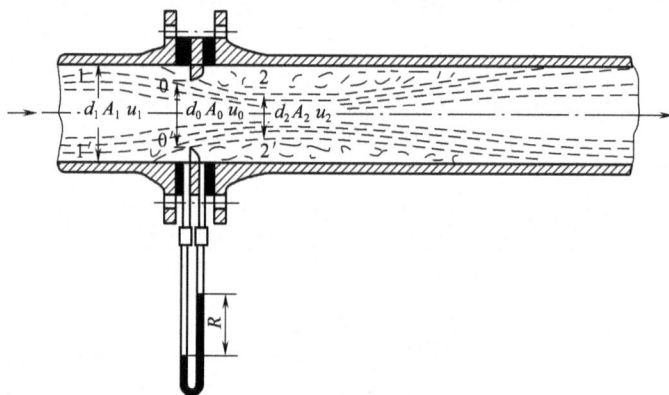

图 3 – 12　孔板流量计

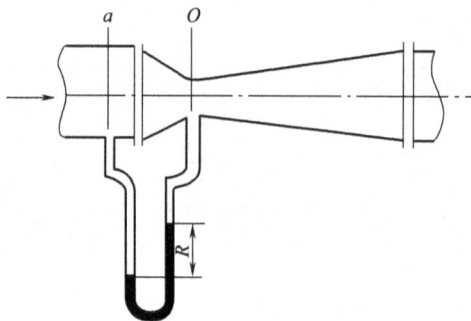

图 3 – 13　文丘里流量计

2. 文丘里流量计

为了减少流体流经上述孔板的阻力损失,可以用一段渐缩管、一段渐扩管来代替孔板,这样构成的流量计称为文丘里流量计,如图3 – 13所示。

文丘里流量计的主要优点是能耗少,大多用于低压气体的输送。

3. 使用节流式流量计应注意的问题

常用的节流元件有孔板、喷嘴、文丘里管。

孔板的特点是结构简单,易加工,造价低,但能耗大。喷嘴的能耗小于孔板,但比文丘里管大,比较适合于腐蚀性大和不洁净流体的测量。文丘里管的能耗最小,基本不存在永久压降,但制造工艺复杂,成本高。

使用节流式流量计测量流量时,影响流动形态、速度分布和能量损失的各种因素都会对流量与压差的关系产生影响,从而导致测量误差。因此使用时必须注意以下有关问题。

(1)流体必须是牛顿型流体,以单相形式存在产生形变。

(2)节流元件应安装在水平管道上。

(3)流体在节流元件前后必须充满整个管道截面。

(4)节流元件前后应有足够长的直管段作为稳定段,一般上游直管段长度为$(30 \sim 50)d$(管内径),下游直管段大于$10d$。在稳定段中不能安装各种管件和测压、测温等测量装置。

(5)注意节流元件的安装方向,使用孔板时,应使锐孔朝向上游;使用喷嘴时,喇叭形曲面应朝向上游;使用文丘里管时,较短的渐缩管应装在上游。

(6)取压口、导压管和压差测量对流量测量精度影响很大,有关问题可参见压差测量部分。

(7)当被测流体密度与标准流体密度不同时,应对流量与压差的关系进行校正。

二、转子流量计

转子流量计也称变截面流量计,属于变收缩口、恒压头的流量计,是通过改变流通面积来指示流量的。具有结构简单、读数直观、测量范围大、使用方便、价格便宜等优点,广泛应用于化工实验和生产中。

1.结构形式和工作原理

转子流量计的构造如图 3 - 14 所示,在一根截面积自下而上逐渐扩大的垂直锥形玻璃管

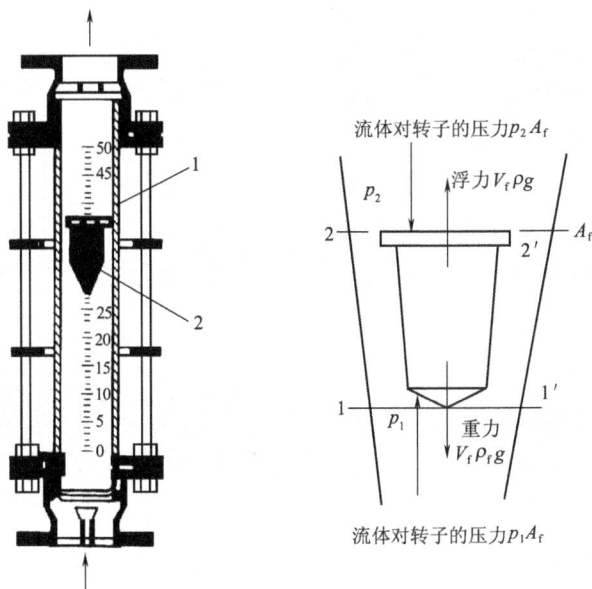

图 3 - 14　转子流量计

1—锥形玻璃管　2—转子

内,装有一个能够旋转自如的由金属或其他材质制成的转子(或称浮子)。被测流体从玻璃管底部进入,从顶部流出。

当作用于转子上的垂直向上的推力大于浸没在流体中转子的重力时,转子上浮,转子与锥形管内壁间的环隙面积增大,使流速下降,作用于转子上的垂直向上的推力也随之下降,直至推力等于转子的重力时,转子便能稳定在某一高度上,即 $(p_1 - p_2)A_f = V_f \rho_f g$。转子的平衡高度与流量大小呈一一对应的关系,直接可从锥形管刻度读出测量值。

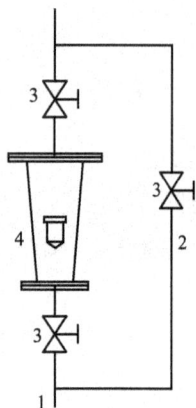

2. 安装使用时应注意的问题

(1)转子流量计必须垂直安装在无震动的管道中,且流体应从下部进入。

(2)转子流量计前的直管段应不少于 $5D$(D 为流量计直径)。

(3)为了便于维修应安装支路,如图 3-15 所示。

(4)转子流量计使用时,应缓慢开闭阀门,以免流体冲力过猛,损坏锥形管或将转子卡住。

(5)转子上附有污垢后,转子质量、环隙通道面积都会发生变化,从而引起测量误差,故要经常清洗转子和锥形管。

(6)选用转子流量计时,应使其正常测量在测量上限的 1/3 ~ 2/3 刻度内。

图 3-15 转子流量计的安装
1—主管道 2—分管道
3—阀门 4—流量计

三、涡轮流量计

涡轮流量计是依据动量矩守恒原理设计的,涡轮叶片受流体的冲击而旋转,转速与流量呈一一对应关系,通过磁电转换装置,将转速转换成电脉冲信号,通过测量脉冲频率可将脉冲转换成电压或电流输出测取流量。

涡轮流量计的优点包括:精度高,可以做到 0.5 级以上;反应迅速,可测脉冲流量;量程宽,刻度线性;耐高压,被测介质的静压可达 10MPa,且压力损失小,一般不大于 30kPa;使用温度范围宽(-200℃ ~ +400℃)。其缺点是:制造困难、成本高,轴承易磨损,长期运转的稳定性和使用寿命下降。

1. 结构与工作原理

涡轮流量计又称涡轮流量传感器,由涡轮、磁电转换装置和前置放大器三部分组成。按构造可分为切线型和轴流型,图 3-16 是轴

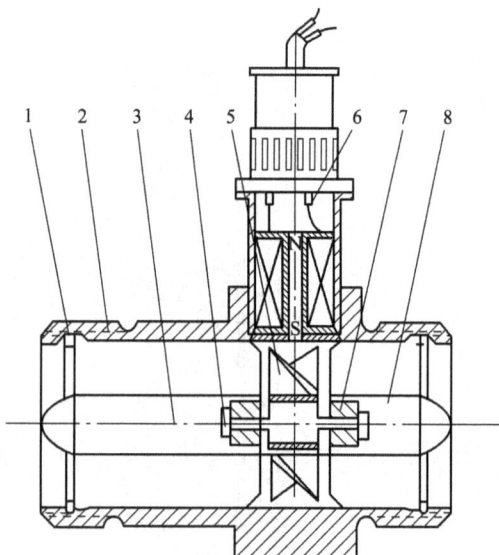

图 3-16 轴流型的涡轮流量计
1—紧固件 2—壳体 3—前导流轮 4—止推片 5—涡轮
6—电磁感应式信号检出器 7—轴承 8—后导流轮

流型的涡轮流量计。

在低流体黏度和一定的流量范围内,流体的体积流量与涡轮转速间存在良好的线性关系。因此,从涡轮转速可求出流体流量。

2. 安装使用时应注意的问题

(1)应根据被测流体的物理性质、腐蚀性和清洁程度,选用合适的流量计类型。

(2)使用时必须水平安装,否则将引起流量系数发生变化。

(3)被测流体的流动方向要与流量计所标箭头一致。

(4)流量计的工作点一般应在仪表测量范围的上限值的50%以上。

(5)流量计前应加装滤网,防止杂物进入流量计使流量计损坏。

(6)流量计前后应分别留出15d(管径)和5d以上的直管段。

(7)根据流体密度和黏度考虑是否对流量计的特性进行修正。

四、体积式流量计

体积式流量计又称排量流量计(Positive Displacement Flowmeter),简称 PD 或 PDF 流量计,在流量仪表中是精度最高的一类。它是利用具有固定容积的机械测量元件把流体连续不断地分割成一个个已知体积的部分并连续不断地排出,然后通过计数器计数单位时间或一定时间间隔内排出流体的固定容积数目而完成流量计量的体积式测量方法,又称容积式测量方法。

为了提高测量精度,防止杂质进入仪表,导致转动部分被卡住和磨损,在仪表的上游管线上应安装过滤器。

1. 湿式气体流量计

湿式气体流量计(Wet Gas Flowmeter)是一种容积式流量计(Volumetric Flowmeter),其作用原理是,当流体通过仪表时,将仪表内具有固定容积的计量室交替地充满、排空,只要测出计量室被充满的次数就可求得流体的总流量。湿式气体流量计适用于较小的工作压力及小流量下的气体计量,多用于实验室中,如图 3 – 17 所示。

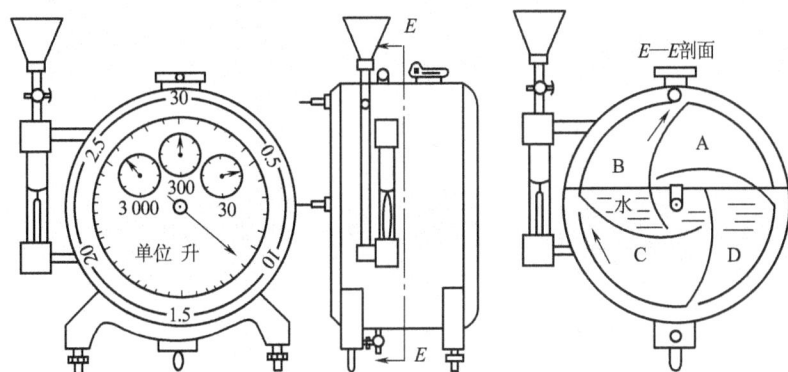

图 3 – 17　湿式气体流量计

2. 皂膜流量计

皂膜流量计是由一支具有刻度线的量气管和下端盛有肥皂液的橡皮球组成的,如图 3 – 18 所示。当气体通过皂膜流量计的玻璃管时,肥皂液膜在气体的推动下沿管壁缓缓向上移动。在一定时间内皂膜通过上下标准体积刻度线的差值,即表示在该时间内通过的气体体积。

使用时为了保证测量精度,量气管内壁应先用肥皂液润湿,皂膜速度应小于 4cm/s,且应垂直安装。

皂膜流量计结构简单,测量精度高,可作为校准其他流量计的标准流量计使用。

3. 椭圆齿轮流量计

椭圆齿轮流量计是由两个相互啮合的椭圆形齿轮及其外壳(计量室)、计数装置构成的,如图 3 – 19 所示。当流体流经椭圆齿轮流量计时,由于压强差 p_1 和 p_2,使得齿轮产生绕其轴旋转的力矩。每个齿轮旋转一周,则排出两倍于它和壳体所围成的弯月牙空间体积的流体,齿轮旋转的次数由计数装置计数后显示。故椭圆齿轮流量计也是一种容积式的流量计,它特别适合于黏度较高的流体的流量测量,如重油、润滑油及各种树脂等。

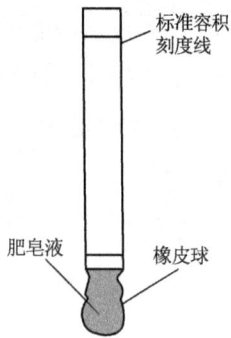

图 3 – 18　皂膜流量计　　　　　图 3 – 19　椭圆齿轮流量计

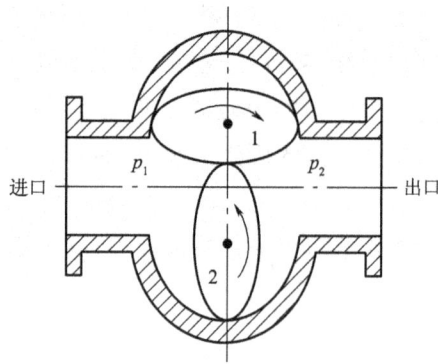

4. 热丝流速计

热丝流速计是以通电铂丝为传感器敏感元件的一种电测量流速的测量仪表。它主要由热丝传感元件、电路系统及显示仪表组成,如图 3 – 20 所示,用金属热丝测量流速,有以下两种方法:

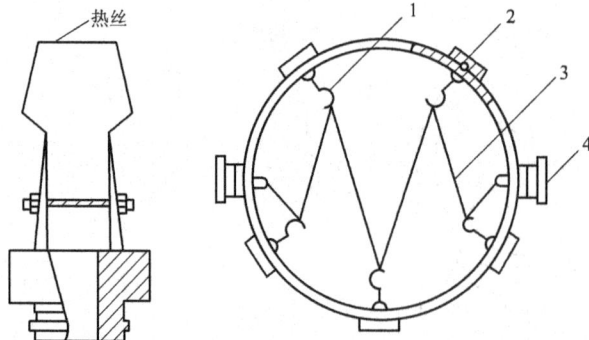

图 3 – 20　用铂丝制成的传感器敏感元件示意图

1—挂钩　2—绝缘材料　3—铂丝　4—连线端子

（1）使通过热丝的电流维持恒定。流体的流速愈大，从热丝向流动介质的传热量也愈大，因电流保持恒定，因此热丝的温度愈低，导致金属丝的电阻愈小，达到平衡后测量热丝电阻的变化就可得知流体的流速。

（2）维持热丝的电阻恒定。当流体流速愈大时，从热丝向流动介质的传热量愈大，维持热丝温度恒定所需的电功率也愈大，因此通过热丝的电流也愈大。此时，测量电流的变化即可得知流体的流速。

热丝流速计是一种非常灵敏和精确的测速仪表，特别适合于低流速的测量。

五、流量计的校正

对于非标准化的各种流量仪表，如涡轮流量计、转子流量计等，在出厂前都进行了流量标定，建立了流量刻度尺，或给出了流量系数、校正曲线等。需要指出，仪表制造厂是以空气或水为工作介质，在标定状况（对空气：20℃，0.10133MPa；对水：20℃）下标定得到流量数据的。在实验室或生产应用时，工作介质、压强、温度等操作条件往往和原来标定的条件不同，因此在使用前需要进行校正。另外，对于自行改制（如更换转子流量计的转子）或自行制造的流量计，更需要进行流量计的标定工作。

对于流量计的标定和校正，一般采用体积法、重量法和基准流量计法。体积法或重量法是通过测量一定时间内计量被校正流量计排出的流体体积或质量来实现的。基准流量计法是利用一个已校正过的精度等级较高的流量计作为被校正（标定）流量计的比较基准。流量计的标定精度取决于测量体积的容积或称量的秤、测量时间的仪表以及基准流量计的精度。以上各个测量精度组成整个被标定系统的精度，即被标定流量计的精度。由此可见，若采用基准流量计法标定流量计，要提高标定的流量计的精度，必须选用精度较高的流量计作为比较基准。

对实验而言，上述三种校正流量计的方法都可以使用。对小流量的液体流量计可以采用以量筒作为标准体积容器测量体积进行体积法标定，也可以采用天平测量质量进行标定；对大流量的液体流量计可以采用计量槽作为标准容器测量体积进行标定，如图 3 – 21 所示，或采用基准流量计法标定。对小流量的气体流量可采用体积法标定，如图 3 – 22 所示。

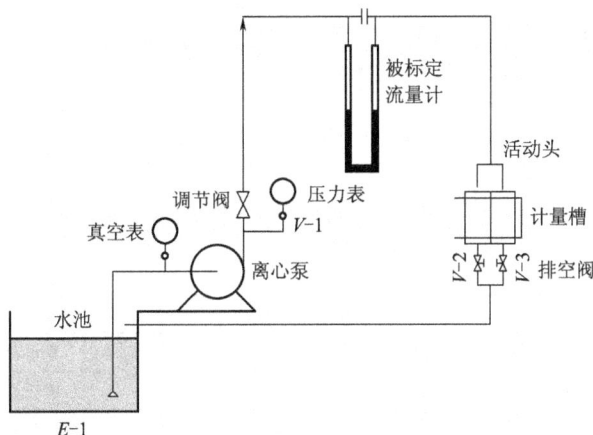

图 3 – 21　液体流量计的标定

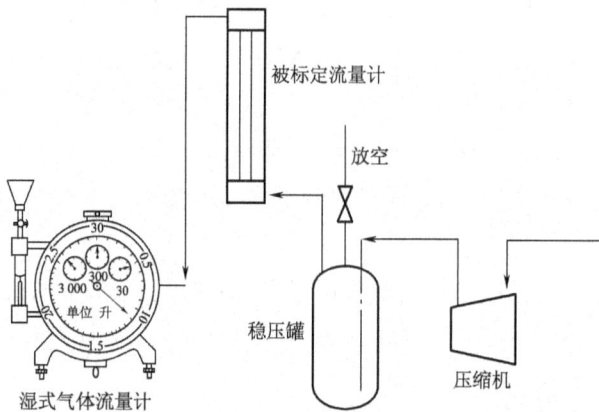

图 3-22　气体流量计的标定

第三节　温度的测量

化工生产和科学实验中,温度是需要测量和控制的重要参数之一。通常通过不同的仪表实现对指定点温度的测量或控制,以确定流体的物性,推算物流的组成,确定相平衡数据及过程速率等。总之,温度测量和控制在化工生产和实验中占有重要地位。根据测温原理的不同,可对各种测温仪表进行分类,见表 3-2。

表 3-2　各种测温仪表的分类

型　式	测　温　原　理	测温仪表名称和测温方式	
接触式	利用感温元件与待测物体或介质接触后,在足够长时间内达到热平衡、温度相等的特性,从而实现对物体或介质温度的测定	热膨胀式温度计	液体膨胀式
			固体膨胀式
		压力表式温度计	充液体型
			充气体型
			充蒸汽型
		热电偶温度计	铂铑—铂(LB)热电偶
			镍铬—考铜(EA)热电偶
			镍铬—镍硅(EU)热电偶
			铜—康铜(CK)热电偶
			特殊热电偶
		热电阻温度计	铂热电阻
			铜热电阻
			镍热电阻
			半导体热敏电阻
非接触式	利用热辐射原理,测量仪表的感温元件不与被测物体或介质接触	光学高温计	
		光电高温计	
		比色高温计	
		全辐射测温仪	

一、接触式温度计

1. 热膨胀式温度计

（1）玻璃管温度计。玻璃管温度计是最常用的一种测定温度的仪器,目前实验室用得最多的是水银温度计和有机液体(如乙醇)温度计。水银温度计测量范围广,刻度均匀,读数准确,但破损后会造成汞污染。有机液体(乙醇、苯等)温度计着色后读数明显,但由于膨胀系数随温度变化,故刻度不均匀,读数误差较大。玻璃管温度计又分为棒式、内标式、电接点式三种形式,见表3-3。

表3-3　常用玻璃管温度计

项目	棒　式	内标式	电接点式
用途规格	实验室最常用,直径$d=6\sim8mm$,长度$l=250mm$、$280mm$、$300mm$、$420mm$、$480mm$	工业上常用,$d_1=18mm$,$d_2=9mm$,$l_1=220mm$,$l_2=130mm$,$l_3=60\sim2000mm$	用于控制、报警等,实验室恒温槽上常用,分固定接点和可调接点两种
外形图			固定接点　可调接点　电缆

在玻璃管温度计安装和使用方面,要注意以下几方面:

①安装在没有大的振动、不易受到碰撞的设备上。特别是对有机液体玻璃温度计,如果振动很大,容易使液柱中断。

②玻璃温度计感温泡中心应处于温度变化最敏感处(如管道中流速最大处)。

③玻璃温度计应安装在便于读数的场合,不能倒装,也尽量不要倾斜安装。

④为了减少读数误差,应在玻璃温度计保护管中加入甘油、变压器油等,以排除空气等不良热导体。

⑤水银温度计按凸面最高点读数,有机液体温度计则按凹面最低点读数。

⑥为了准确测定温度,需要将玻璃管温度计的指示液柱全部没入待测物体中。

玻璃管温度计在进行温度精确测量时需要校正,方法有两种:与标准温度计在同一状况下比较;利用纯物质相变点如冰—水—水蒸气系统校正。在实验室中将被校温度计与标准温度计一同插入恒温槽中,待恒温槽温度稳定后,比较被校温度计和标准温度计的示值。如果没有标准温度计,也可使用冰—水—水蒸气的相变温度来校正温度计。

(2)双金属温度计。双金属温度计是一种固体膨胀式温度计,结构简单、牢固,可部分取代水银温度计,用于气体、液体及蒸汽的温度测量。它是由两种膨胀系数不同的金属薄片叠焊在一起制成的,将双金属片一端固定,如果温度变化,则因两种金属片的膨胀系数不同而产生弯曲变形,弯曲的程度与温度变化大小呈正比。

双金属温度计的常用结构如图3-23所示,分为两种类型:一种是轴向型,其刻度盘平面与保护管呈垂直方向连接;另一种是径向型,刻度盘平面与保护管呈水平方向连接。可根据操作中安装条件及观察的方便性来选择轴向或径向结构。

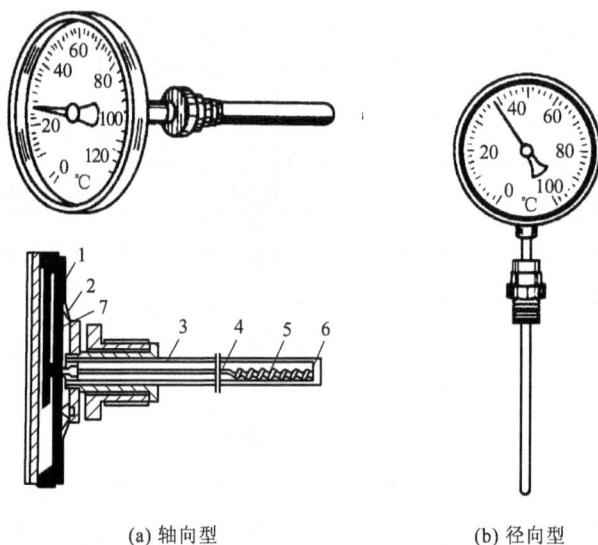

(a) 轴向型　　　　　　　　　(b) 径向型

图3-23　双金属温度计

1—指针　2—表壳　3—金属保护管　4—指针轴　5—双金属感温元件　6—固定端　7—刻度盘

目前国产的双金属温度计测量范围是(-80～+600)℃,准确度等级为1级,1.5级,2.5级,使用工作环境温度为(-40～+60)℃。

2. 压力表式温度计

压力表式温度计可用于测定(-100～+500)℃的温度,其作用原理如图3-24所示。它利用气体、液体或低沸点液体(蒸汽)作为感温物质,填充于温包7、毛细管6和弹簧管3的密闭温度测量系统中。当温包内的感温物质受到温度作用时,密闭系统内压力变化,同时引起弹簧管弯曲率的变化,使其自由端发生位移,然后通过连杆4和传动机构5带动指针1,在刻度盘2上直接显示出温度的变化值。

关于压力表式温度计基本参数及其安装校验,可查阅相关手册或产品目录。

3.热电偶温度计

把两种不同的金属丝的两端分别互相焊接,构成如图3-25所示的回路。如果两端的温度不同,分别为 t_1 和 t_0,则回路中就会产生热电动势。这种现象被称为热电效应。这样组成的热电偶,温度高的接头叫热端或工作端,温度低的接头叫冷端或自由端。焊接热电偶的金属丝叫偶丝。焊成的两根偶丝叫热电极,它有正极和负极之分,与仪表连接时,正极对应接正端,负极对应接负端。

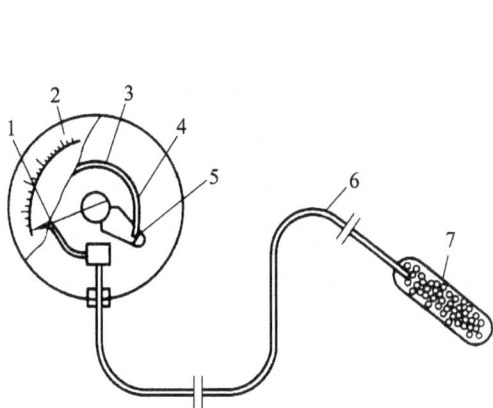

图3-24　压力表式温度计的作用原理

1—指针　2—刻度盘　3—弹簧管　4—连杆

5—传动机构　6—毛细管　7—温包

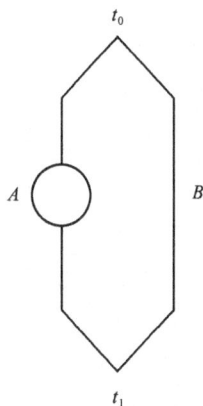

图3-25　热电偶测温回路

热电偶产生的热电动势由两部分组成——接触电势和温差电势,其大小取决于两个热电极的材料和两端温差,与长度、直径等无关。如果热电偶冷端维持恒定(如0℃),则热电偶的热电动势只随热端的温度变化而变化。当把热电偶连入如图3-26所示的仪表回路中,就可以用仪表读出热电动势的数值。若该热电偶是经过标准热电偶校正的,则可以直接读出准确的温度。

用热电偶测量温度,具有结构简单、使用方便、测量精度高、测温范围宽、热惯性小、便于远距离传送和集中检测等优点。如果将热电偶与自动检测仪表和打印记录仪表相连接,就能实现温度的控制、显示和记录。

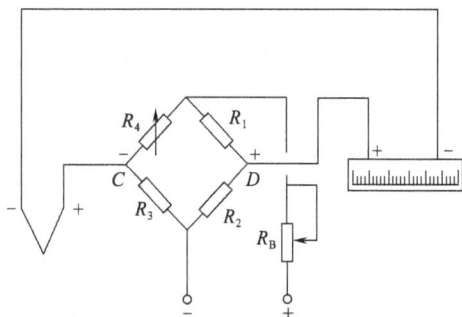

图3-26　冷端温度补偿线路(WBC—57)

4.热电阻温度计

热电阻温度计是由感温元件(热电阻)、显示仪表(不平衡电桥或平衡电桥)、连接导线等组

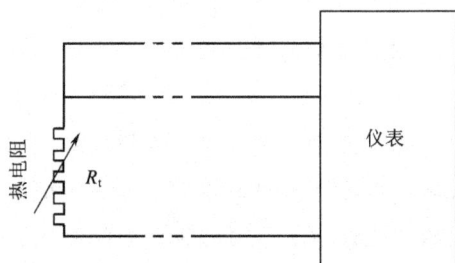

图 3-27　热电阻温度计

成,如图 3-27 所示。

热电阻为金属体,是热电阻温度计的测温(感温)元件,是最主要部件。热电阻温度计就是利用金属导体的电阻值随温度的变化而变化的特性来进行温度测量的。

热电阻温度计适合用于测定$(-200 \sim +500)$℃范围内的液体、气体、蒸汽以及固体表面的温度,并具有远传、自动记录和实现多点测量等优点,且热电阻的输出信号大,测量准确。

二、非接触式温度计

物体在任何温度下都有热辐射,辐射能量的大小与温度呈正比,温度越高,辐射出的能量越多。辐射测温计是利用物体光谱辐射特性,即辐射能量按波长分布的特性来测量温度的。目前在辐射测温领域应用最广的是隐丝式光学高温计,其他如光电高温计、比色高温计、全辐射高温计等新型辐射测温仪器也得到了越来越广泛的应用。此类测温仪器常用于测量运动物体、热容量小或特高温度的场合。

1. 隐丝式光学高温计

光学高温计是利用物体单色辐射强度(在可见光范围内)随温度升高而增长的原理来进行高温测量的仪表。由于这种光学高温计是用人眼来探测亮度平衡的,所以亮度不宜太亮或太暗,因此测温范围就会受到限制。下限取决于光学系统的孔径,通常为 700℃左右,上限约为1300℃。当被测物体温度高于 1400℃时,就需要降低其亮度。

2. 光电高温计

目测高温计以人眼作为接收器,以红色滤光片作为单色器,从而使仪器的灵敏度和测量准确度受到极大的限制。其最大的误差源为灯丝的消隐,以及不同观测者有各不相同的视觉灵敏度。

近 30 年来,光电探测器、干涉滤光片及单色仪的发展,使目测光学高温计在国际温标重现和工业测温中的地位逐渐下降,而更灵敏、更准确的光电高温计已取而代之,并不断发展。

光电高温计的优点是:

(1)灵敏度高。目测光学高温计的灵敏度最佳值为 0.5℃,而采用光电探测器的高温计相应灵敏度可达到 0.005℃,比光学高温计高两个数量级。

(2)准确度高。采用干涉滤光片或单色仪后,仪器的单色性更好,所以延伸温度点的不确定度可大大降低,2000℃的不确定度可达 0.25℃以下。

(3)使用的波长范围不受限制。在可见范围和红外范围均可应用,这一优点为低温辐射法测温提供了有利的条件。

(4)光电探测器响应时间短。光电倍增管可在 10^{-6} s 内响应,为动态测温提供了条件。

3. 比色高温计

比色高温计有时也称为双色(多色)高温计,是利用被测对象两个不同波长(或波段)的辐射能量之比与其温度之间的关系,实现辐射测温的仪表。

双色、多色高温计的主要缺点是测量精度不高,为了保证光谱发射率 ε_λ 与波长 λ 有比较简单的关系,要求所选波长比较接近,也就是光谱辐射亮度比值相差不大,但这又影响了测量精度。

4. 全辐射温度计

热电堆全辐射温度计广泛应用于工业生产现场。它是利用物体辐射热效应测量物体表面温度的仪表。以热电堆作为探测元件,对不同波长辐射能的响应率是均匀的,因此这种仪表常称为辐射温度计或全辐射温度计。当被测物体的辐射通过光学系统聚焦于由若干对热电偶串联组成的热电堆上时,热电堆测量端上产生热电势,其大小与测量端和参考端(环境温度)的温差呈正比。只要参比温度保持恒定(或予以补偿),则热电势大小就与被测物体的辐射能量呈正比。

全辐射温度计的缺点是测温精度不高。但这类高温计的热电堆并非直接与高温对象接触,所以能够测量很高的温度,同时可避免有害介质对热电堆的腐蚀,延长使用寿命。与目测光学高温计相比较,不受测量者主观(肉眼)误差影响,使用方便,价格低廉。

三、各类温度计的比较、选用与安装

1. 各类温度计的比较

按温度计的测温原理可以将温度计分为热膨胀式、热电效应式、电阻变化式和热辐射式等多种类型。

按测量时测温元件与被测介质的接触状况,可以将温度计分为接触式和非接触式两类;接触式温度计在测温时与被测介质直接接触,而非接触式的温度计在测量温度时不与被测介质接触。接触式温度计是通过感温元件与被测介质接触来实现温度的测量,由于一定时间后才能与被测介质之间达到热平衡,因此会产生测温的滞后;另外,感温元件容易破坏被测对象的温度场,并有可能与被测介质发生化学反应;相对于接触式温度计而言,非接触式温度计是通过辐射来实现温度测量的,其速度比较快,无滞后现象,而且不会破坏被测对象的温度场。接触式温度计具有结构简单、测量结果可靠、测量精确的特点,但由于受材料耐高温的限制而不能用于超过其测温上限的高温测量;而非接触式温度计由于受物体的反射率、被测对象与仪表的距离、烟尘和水蒸气等因素的影响,测量误差较大,但它没有温度上限的限制。接触式温度计测量运动物体的温度困难较大,而非接触式温度计则容易实现。

对各种温度计进行比较,其优缺点列于表3-4。

2. 温度计的选用

在实验研究和工业生产中,选择合适的温度计来实现温度测量和自动控制有着重要的意义。在选择和使用温度计时,必须考虑:

(1)被测物体的温度是否需要指示、记录和自动控制。

(2)是否便于读数和记录。

(3)测温范围和测量精度要求被测温度应在温度计量程的 1/3～2/3 之间。

表 3 - 4　各种温度计比较

形　式	种　类	优　点	缺　点
接触式	玻璃管液体温度计	结构简单,使用方便,测量准确,价格低廉	测量上限和精度受玻璃质量的限制,易碎,不能自动记录和远传
	热电偶	测温范围广,测量精度高,便于远距离、多点、集中测量和自动控制	需要冷端补偿,在低温段测量精度较低
	热电阻	测量精度高、便于远距离、多点、集中测量和自动控制	不能测量高温,由于体积大,测量点温度困难
非接触式	辐射式	感温元件不破坏被测对象的温度场,测温范围广	只能测量高温,低温段测量不准确,环境条件会影响测量准确度,对测量值进行修正后才能获得其实际温度

(4)感温元件的尺寸是否会破坏被测物体的温度场。

(5)被测温度不断变化时,感温元件的滞后性能(时间常数)是否符合测温要求。

(6)被测物体和环境条件对感温元件有无损害。

(7)仪表使用是否方便。

(8)仪表的使用寿命。

(9)用接触式温度计时,感温元件必须与被测物体接触良好,且与周围环境无热交换,否则温度计的示值只是"感受"到的温度,而不是真实的温度。

(10)感温元件在被测物体中有一定的插入深度,在气体介质中金属保护套管插入的深度应为保护套管直径的 10 ~ 20 倍,非金属保护套管的插入深度应是保护套管直径的 10 ~ 15 倍。

3.温度计的标定

温度计标定要注意以下几点:

(1)应注意温度计所感受的温度与温度计读数之间的关系。由于仪表材料性能不同及仪表等级问题,每个温度计的精确度都不相同。另外,若随意选用一个热电偶,借用资料上同类热电偶的热电势—温度关系来确定温度的测量值,也会带来较大误差。

(2)确定温度计感受温度—仪表读数关系的唯一办法是进行实验标定。

(3)注意温度计标定所确定的是温度计感受温度和仪表读数之间的关系,这种关系与温度计实际要测量的待测温度和仪表读数之间的关系常常不同。原因是待测温度与温度计感受温度往往不相等。因此,为了提高温度测量的精确度,不仅要对温度计进行标定,而且要正确安装和使用温度计,两者缺一不可。

4.测温元件的安装

在正确选择测温元件后,如不注意测温元件的正确安装,测量精度也得不到保证。在实验研究和工业生产中,应按如下要求来安装测温元件。

（1）在测量管道内流体温度时,应保证测温元件与流体充分接触,以减小测量误差。因此,要求安装时测温元件应迎着被测流体流向插入(逆流),如图 3 - 28(a)所示,至少也须与被测流体流向正交,如图 3 - 28(b)所示,而切勿与被测流体形成并流,如图 3 - 28(c)所示。

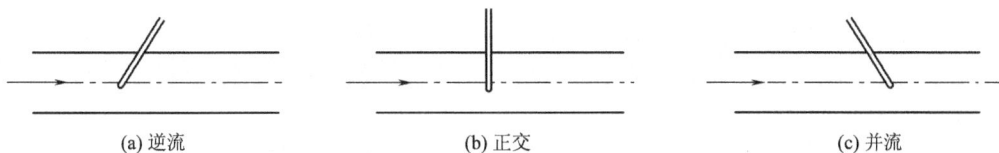

(a) 逆流　　　　　　　　　(b) 正交　　　　　　　　　(c) 并流

图 3 - 28　测温元件安装示意图之一

（2）测温元件的感温点应处于管道内流速最大处。一般而言,热电偶、铂电阻、铜电阻保护套管的末端应分别越过流束中心线。

（3）安装测温元件时,测温元件应有足够的深度,以减小测量误差。为此,测温元件应斜插安装或在弯头处插入,如图 3 - 29 所示。

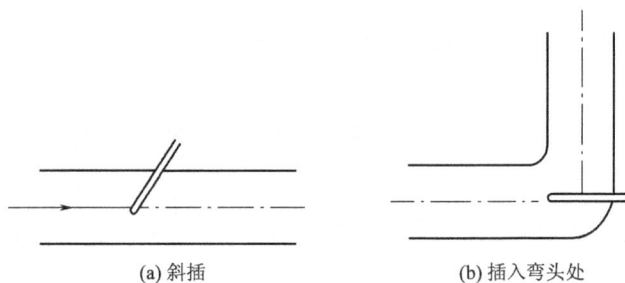

(a) 斜插　　　　　　　　　(b) 插入弯头处

图 3 - 29　测温元件安装示意图之二

（4）如果工艺管道过小(直径小于 80mm),安装测温元件应接装扩大管,如图 3 - 30 所示。

（5）热电偶和热电阻的接线盒应面盖向上,以避免雨水或其他液体渗入而影响测量结果,如图 3 - 31 所示。

图 3 - 30　小工艺管道上的测温元件　　　图 3 - 31　热电偶和热电阻安装示意图

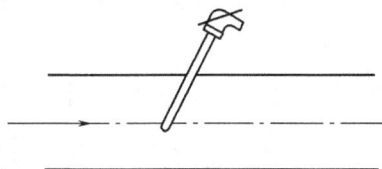

（6）为了防止热量散失,测温元件应插在有保温层的管道或设备处。当测温元件安装在负压管道或设备上时,必须保证其密封性,以防止外界空气进入。

第四节　功率的测量

　　化工实验中,许多设备的功率在操作过程中是变化的,常需要测定功率与某个参数的变化关系(如离心泵性能测定)。常用的测定功率的仪器有:电动机—天平式测功器、应变电阻式转矩仪和功率表测功法。

一、电动机—天平式测功器

　　电动机—天平式测功器是常用的测功设备之一,具有使用可靠且准确的优点。

　　装置的结构如图3-32所示,在电动机外壳两端加装轴承,使外壳能自动转动,外壳连接测功臂和平衡锤,后者用以调整零位。其测量原理是电动机带动水泵旋转时,反作用力会使外壳反向旋转,反向转矩大小与方向转矩相同,若在测功臂上加适当的砝码,可保持外壳不旋转,此时,所加的砝码质量乘以测功臂长度就是电动机的输出转矩。

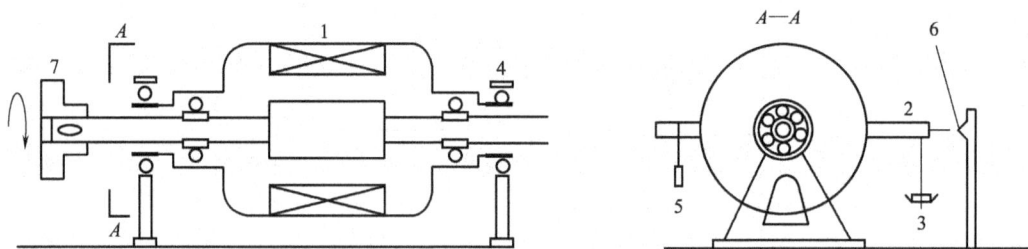

图3-32　电动机—天平式测功器

1—电动机定子　2—测功臂　3—砝码　4—轴承　5—平衡锤　6—准星　7—联轴节

二、应变电阻式转矩仪

　　应变电阻式转矩仪的测量原理是电动机带动水泵转动时,在空心轴的外表面与轴的母线成45°角的方向产生应力,应力的大小与电动机功率相对应,因此在这个位置(共4处)贴上电阻应变片,其中一对应变片R_1、R_3[图3-33(a)]承受最大拉力,而另一对应变片承受最大压缩力,使电阻应变片阻值发生相应的变化,四片电阻应变片组成电桥,如图3-33(b)所示。电阻变化的值是W_2、W_4耦合输出,经放大和检波后得到输出值。

　　与电动机—天平测功器相比,应变电阻式转矩仪的优点是无需增减砝码的操作且能自动记录。但测试线路复杂,所用仪表较多,易出故障,准确度受仪表精度限制,不如电动机—天平测功器高。

三、功率表测功法

　　三相功率(瓦特)具有两个独立的固定磁场线圈系统和两个可动元件系统,装在同一个支

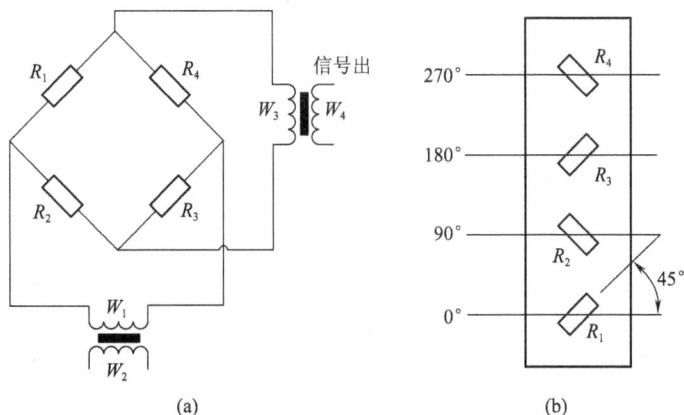

图 3 – 33 应变电阻式转矩仪

架上而又互相隔离,仪表实际上相当于两个单向瓦特表,如图 3 – 34 所示。

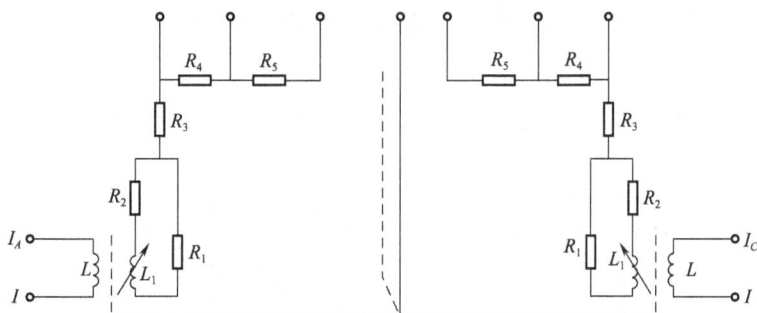

图 3 – 34 三相功率表的内部线路

L—固定线圈 L_1—可动线圈 R_1、R_2、R_3、R_4、R_5—电阻

功率表测功法是用功率表测量电动机的输入功率,然后再根据电动机输入—输出功率特性曲线求出电动机输出功率。对于直接传动的泵,电动机的输出功率大致等于泵的轴功率。电动机的功率特性曲线示意图如图 3 – 35 所示,因此在实验前应先由实验作出电动机的功率曲线,如果没有该曲线,功率表测功法只能测量出泵的机组功率。

在使用三相功率表时,仪表应放在水平位置,并尽可能远离强电流导线或强磁场,以免仪表产生附加误差。仪表在使用前还应利用仪表盖上的零位调节器把指针调整到零位。在把仪表接入线路时应按图 3 – 36 所示连接;需要将功率表和电流互感器一起使用,此时实际功率为仪表指示值与电流互感器倍率的乘积,测量误差为功率误差与电流互感器的误差之和。由于电动机启动时,启动功率很大,为了保护功率表,应在功率表连接线设有开关,并在电动机启动时断开功率表。

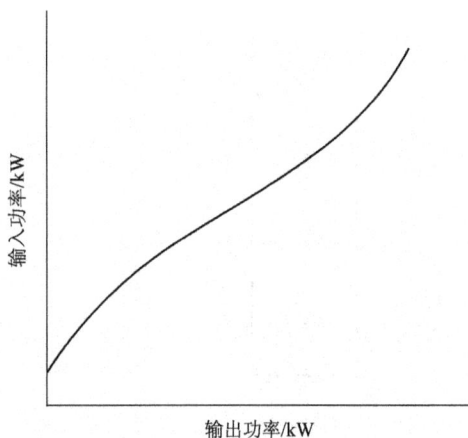

图 3 - 35　电动机功率特性曲线

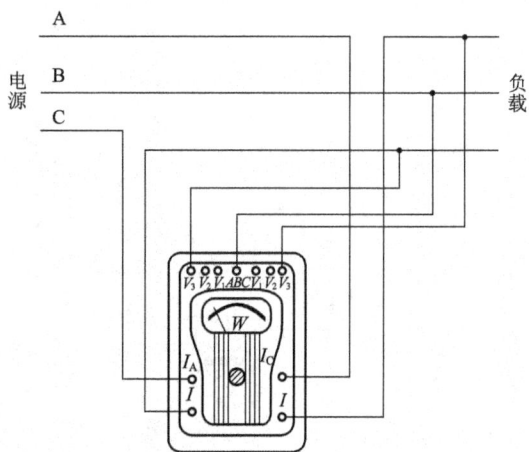

图 3 - 36　三相瓦特表接线

第五节　组成分析方法

在化工生产中,虽然可以通过控制压强、温度、液位等参数稳定生产过程,保证产品质量,但这些控制是间接的,并不能直接给出生产过程原料、中间产物、最终产物的质量情况。而且在化工实验中,往往需要确定各物料的组成情况,从而进一步确定设备的工作状态或考察设备的性能。因此,测定物料的成分对化工实验和生产过程都具有重要意义。

成分是指混合物中的各个组分,成分检测的目的是要确定某一组分或全部组分在混合物中所占的百分量。从原则上说,混合物中某一组分区别于其他组分的任何特性都可以构成成分测定的基础。由于被测对象有着多种多样的性质,因此成分检测的手段也有多种。但就成分检测方法而言,主要有化学法和物理法,这两种测定方法都是利用被测样品中待测组分的某一化学或物理性质与其他组分有较大差异而实现的。

一、化学法

在以水为溶剂吸收空气中氨的实验中,需要测定尾气中氨的含量。根据氨的化学性质,氨极易溶于水,在水中主要以 $NH_3 \cdot H_2O$ 的形式存在,而且氨能电离生成 NH_4^+ 和 OH^-,具有弱碱性。可以利用如图 3 – 37 所示的测定装置,采用灵敏度高而且准确的化学法——酸碱滴定法测定,即将尾气通入分析器,当定量的硫酸被尾气中的氨刚好中和时,则:

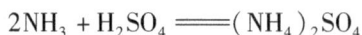

$$2NH_3 + H_2SO_4 \Longrightarrow (NH_4)_2SO_4$$

在分析前,将浓度为 $c(H_2SO_4)$、体积为 V_s 的硫酸溶液加到吸收盒内,并加入适量指示剂和水。检查尾气控制阀是否处于关闭状态,连接好吸收盒,并读出湿式气体体积流量计的初始值

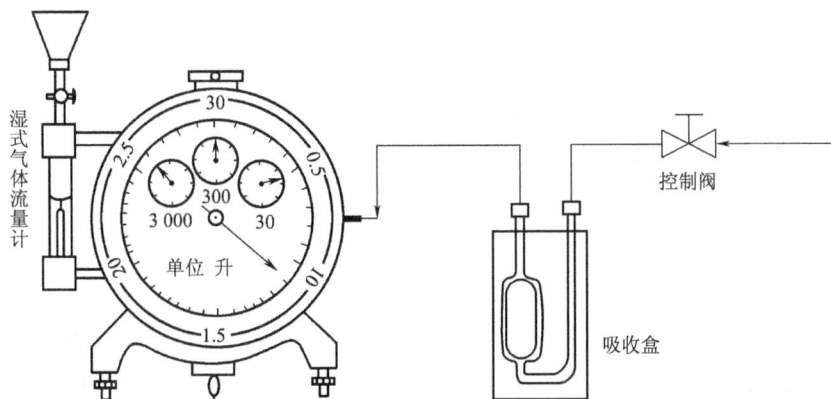

图 3 - 37　尾气中氨浓度测定装置

（累计值），打开尾气控制阀使尾气成单个气泡连续不断地进入吸收盒，当吸收盒内液体刚好变色时，说明吸收盒内的硫酸刚好完全与尾气中的氨反应，立即关闭尾气控制阀，并读出湿式气体体积流量计指针指示的累计流量，从而确定尾气中相应的空气体积 $V_{空气}$，当吸收盒内的硫酸刚好被中和时，根据式（3 - 3），参与反应的氨的物质的量在数值上与所加入的硫酸的物质的量的 2 倍相等，则尾气中氨的体积（标准状况下）：

$$V_{NH_3}(标) = 22.4 \times 2 \times V_s \times 10^{-3} \times c(H_2SO_4) \qquad (3 - 3)$$

式中：V_s——加入吸收盒的硫酸体积，mL；

　　　$c(H_2SO_4)$——加入吸收盒中硫酸的浓度，mol/L；

　　　22.4——标准状况下氨气的摩尔体积，L/mol。

根据尾气中空气流经湿式气体体积流量计的温度、压强，将测量流量得到的空气流量换算成标准状态下的流量：

$$V_{空气}(标) = \frac{PT_0}{P_0 T} V_{空气} \qquad (3 - 4)$$

式中：T_0——标准状态的温度，273.15K；

　　　P_0——标准状态的压强，1.01×10^5Pa；

　　　T——尾气中空气流经湿式气体流量计的温度，K；

　　　P——尾气中空气流经湿式气体流量计的压强（绝压），Pa。

则尾气中氨的浓度为：

$$Y_2 = \frac{V_{NH_3}(标)}{V_{空气}(标)}$$

二、物理法

在混合物中，由于各组分的物理性质的差异，随着某一组分含量的变化，使混合物的某一物理性质(如密度、折光率、电导率等)也随之发生改变,因此可以通过测定混合物的某一物理性质来确定某一组成的含量。使用物理法来确定混合物中某一组分的浓度时,一般用于混合物中组分数目较少的场合,且需要明确知道混合物有哪些组分,同时,需要先将混合物中所包含组分的纯物质在一定状态下配置成一系列浓度的混合物,并在确定的状态下测出不同浓度下的某一物理性质的值,绘制出浓度与该物理性质之间的回归曲线或回归方程式,以便于实际使用。

1. 相对密度天平

相对密度天平旧称比重天平。相对密度是指某一物质的密度与4℃下水的密度之比,旧称

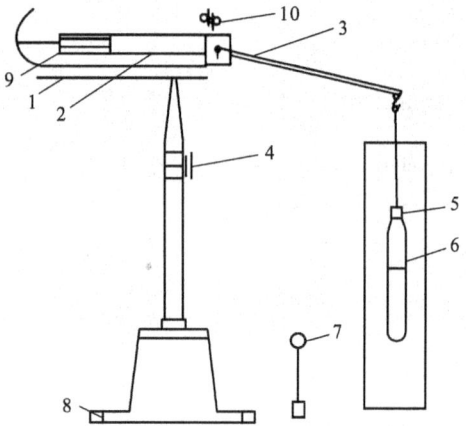

图3-38 PZ—A—5 液体相对密度天平

1—托架 2—横梁 3—玛瑙刀架 4—支柱紧固螺钉
5—测锤 6—玻璃量筒 7—等重砝码
8—水平调节螺钉 9—平衡调节器 10—重心调节器

比重。相对密度天平的结构如图3-38所示,将液体相对密度天平安装在平稳不受震动的水泥台上,其周围不得有强力磁源及腐蚀性气体。在横梁末端的钩子上,挂上等重砝码。调节水平调节螺丝,使横梁上的指针与托架指针成水平线相对,天平即调成水平位置,若无法调节平衡时,可将平衡调节器的定位小螺丝钉松开,然后轻微调动平衡调节器,直到平衡为止,仍将中间定位螺丝钉旋紧防止松动,再将等重砝码取下,换上整套测锤,此时天平必须保持平衡。将恒温的待测液体倒入玻璃量筒,测锤浸没于液体中时,由于受到浮力而使横梁失去平衡,此时可在横梁的V形槽里放置相当重量的游码,使横梁恢复平衡,从而可求出液体相对密度。

使用方法:先将测锤和玻璃量筒用纯水或酒精洗净;再将支柱紧固螺钉旋松,将托架升高到适当高度;横梁置于托架的玛瑙刀架上;用等重砝码挂于横梁右端的小钩上;调整水平调节器上的小螺钉松开,然后略微转动平衡调节器直至平衡为止;将等重砝码取下,换上测锤,然后将已恒温的待测液体倒入玻璃量筒内,使测锤浸入待测液体中央,要求被测溶液完全浸没测锤;由于液体浮力使横梁失去平衡,在横梁V形刻度槽与小钩上加放各种砝码使之平衡,根据横梁上砝码的总和按表3-5的相对密度天平读数方法读出所测液体相对密度的值。

表3-5 相对密度天平的读数方法

项 目	读 数 方 法			
放在小钩上与V形槽砝码重	1g	100mg	10mg	1mg
V形槽上第1位代表的数	0.1	0.01	0.001	0.0001
V形槽上第9位代表的数	0.9	0.09	0.009	0.0009
V形槽上第8位代表的数	0.8	0.08	0.008	0.0008

相对密度天平操作简单,适用于组分数目少的液体混合物中某一组分的浓度测定。对液体物质而言,物质的密度会随着温度的变化而改变,当液体混合物的相对密度也与所处温度有关,当相对密度天平实际测定被测液体温度与测定浓度曲线时的测定温度不同时,会使测量误差增大。另外,采用相对密度天平测定需要将测锤放入被测液体中,因此取样量较大。

2. 阿贝折射仪

(1)测量原理。单色光从一种介质进入另一种介质就会发生折射现象,在定温下单色光的入射角 i 的正弦和折射角 r 的正弦之比等于它在两种介质中的传播速度 v_1,v_2 之比。即:

$$\frac{\sin i}{\sin r} = \frac{v_1}{v_2} = n_{1,2} \qquad (3-5)$$

式中:$n_{1,2}$ 称为折射率,对给定的温度和介质为一常数。

当 $n_{1,2} > 1$ 时,则入射角 i 必定大于折射角 r,这时光线由第一种介质进入第二种介质时则折向法线。如图 3-39 所示,在一定温度下,对给定的两种介质而言,折射率为常数,因此,当入射角 i 增大时,折射角 r 也必定相应增大,当入射角增大到极值 90° 时所得到的折射角称为临界折射角(r_c)。显然,图 3-39 中从法线左边入射的光线折射入第二种介质内时,折射线都应落在临界折射角之内。当固定一种介质时,临界折射角的大小和表征第二种介质的性质的折射率之间有简单的函数关系。阿贝折射仪正是根据这一原理而设计的。

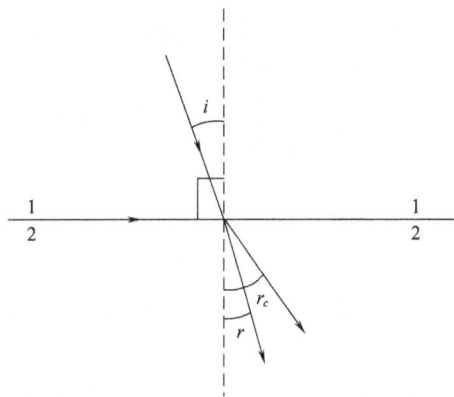

图 3-39　光的折射

阿贝折射仪是测量固体和液体折射率的常用仪器,同时,还可测量出不同温度时的折射率。测量范围为 1.3~1.7,可以直接读出折射率的值,操作简便,测量比较准确,精度为 0.0003。测量液体时所需样品很少,测量固体时对样品的加工要求不高。

阿贝折射仪可分为单目镜、双目镜、数字式三种。虽然结构有所不同,但其光学基本原理相同,单目镜阿贝折射仪的结构如图 3-40 所示,折射仪视场示意图如图 3-41 所示。

(2)阿贝折射仪的使用方法。

①恒温。先将阿贝折射仪置于光线充足的位置,再将进光棱镜座和折射棱镜座上恒温的水进出口管接头与超级恒温槽用橡皮管连接好,然后将恒温水浴的温度控制装置调节到所需的测量温度。待水浴温度稳定 5min 后,即可开始使用。

②加样。打开进光棱镜用少量乙醚或无水乙醇清洗镜面,用擦镜纸将镜面擦干,待镜面干燥后,将被测液体用干净滴管加在折射棱镜表面,并将进光棱镜盖上,用手轮旋转锁紧锁钮,使液层均匀充满视场。

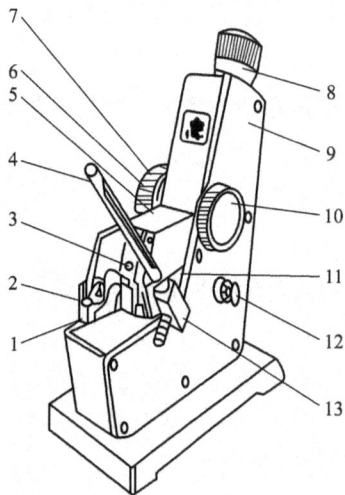

图 3 - 40　单目镜阿贝折射仪结构示意图

1—反射镜　2—转轴　3—遮光板　4—温度计

5—进光棱镜座　6—色散调节手轮

7—色散值刻度圈　8—目镜　9—盖板

10—锁紧轮　11—折射棱镜座

12—聚光镜　13—温度计座

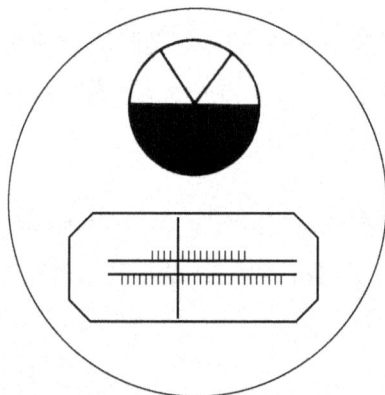

图 3 - 41　折射仪视场示意图

③对光和调整。打开遮光板,合上反射镜,调节目镜视度,使十字成像清晰,此时旋转左手轮并在目镜视场中找到明暗分界线的位置,再旋转手轮使分界线不带任何彩色,微调手轮,使分界线位于十字线的中心,再适度转动聚光镜,此时目镜视场下方显示的示值即为被测液体的折射率。

④测量结束。先将恒温水浴的电源关掉,然后将棱镜表面擦干净。如果较长时间不用,应将与恒温水浴相连接的橡皮管卸掉,并将棱镜恒温夹套中的水放干净,然后将阿贝折射仪放到仪器箱中。

(3)使用注意事项。

①应在恒温条件下测定折射率,否则会影响测试结果。

②仪器如果长时间不用或者测量有偏差时,可在折射棱镜的抛光面上加1~2滴溴代萘,再贴上标准试样进行校正。

③保持仪器的清洁,严禁用手接触光学零件,光学零件只允许用丙酮、二甲醚等清洗,并用擦镜纸轻轻擦拭。

④仪器应避免强烈震动或撞击,以防止光学零件损伤影响其精度。

(4)阿贝折射仪的仪器校正。仪器应定期进行校正,对测量数据有怀疑时也要进行校准。校准用蒸馏水或玻璃标准块。如测量数据与标准有误差,可用钟表螺丝刀通过色散校正手轮中的小孔,小心旋转里面的螺钉,使分划板上交叉线上下移动,然后再进行测量,直到测量数据符合要求为止。样品为标准块时,测量数据要符合标准块上所标定的数据。

☞ 思考题

1. 为什么实验前应排除管路及导压管中积存的空气？如何排除？怎样检查空气已排尽了？什么情况下流量计需要标定？

2. U 形管压差计装设的平衡阀有何作用？在什么情况下应开着？在什么情况下应关闭？

3. 测压孔大小和位置、测压管的粗细和长短对实验有无影响？为什么？

4. 如何根据测温范围和精度要求选用热电阻？

5. 热电偶测温时，若采用冰点槽进行冷端温度补偿，应如何接线？此时得到热电势是否需要进行计算修正？

6. 热电偶的热电特性与哪些因素有关？

7. 热电偶的结构与热电阻的结构有什么异同之处？

8. 功率表的工作原理是什么？如何正确接线、读数及测量？

第四章 单元操作实验的计算机仿真

实践性教学内容的计算机仿真是现代化教学的一个重要和有效的方法,是提高实践性教学环节教学效果的一项重要措施。计算机实验仿真具有投资费用低、运行安全方便、展示实验原理和内容形象逼真的特点,可以大大提高实验教学的效果和水平。学生通过计算机上的仿真实验,能对实验教学的内容和过程进行全面、反复的了解,并且得到实验教学过程的基本训练。形象生动的实验内容,能充分调动学生学习的积极性,对提高教学质量有独特的作用。

本章介绍的单元操作计算机仿真实验,内容完全满足全国高等学校本科化工原理实验教学的要求,仿真对象是江南大学化工/食工原理实验室的实验装置和真实的实验过程,并且采用网络平台展示仿真实验内容,学生使用十分方便。进入江南大学化学与材料工程学院主页,进入江南大学化学化工实验教学示范中心页面,点击实验软件,在弹出的新网页中点击"实验软件"栏下的"化工原理实验模拟",即出现如图4-1所示的化工原理实验模拟登录页面,共有9个单元操作仿真实验。

图4-1 化工/食工原理实验室仿真登录页面

每个单元操作仿真实验可以各自独立运行,在如图4-1所示的浏览器页面中单击想要做的实验,即会启动该单元操作的仿真实验。实验设备和流程与化工/食工原理实验室中的真实装置相仿,用Flash动画形象逼真地展示了出来,并且取自于真实装置的实验数据通过编程序与仿真的设备和流程融合起来,学生可以在仿真实验的界面上,进行实验操作、测定、记录实验数据,还可以与计算机自动处理实验数据的结果进行比较。

仿真实验1　直管流动阻力与局部阻力的测定

点击"化工原理实验模拟"栏下的"直管流动阻力与局部阻力的测定",即进入直管流动阻力与局部阻力测定的仿真实验,如图4-2所示。

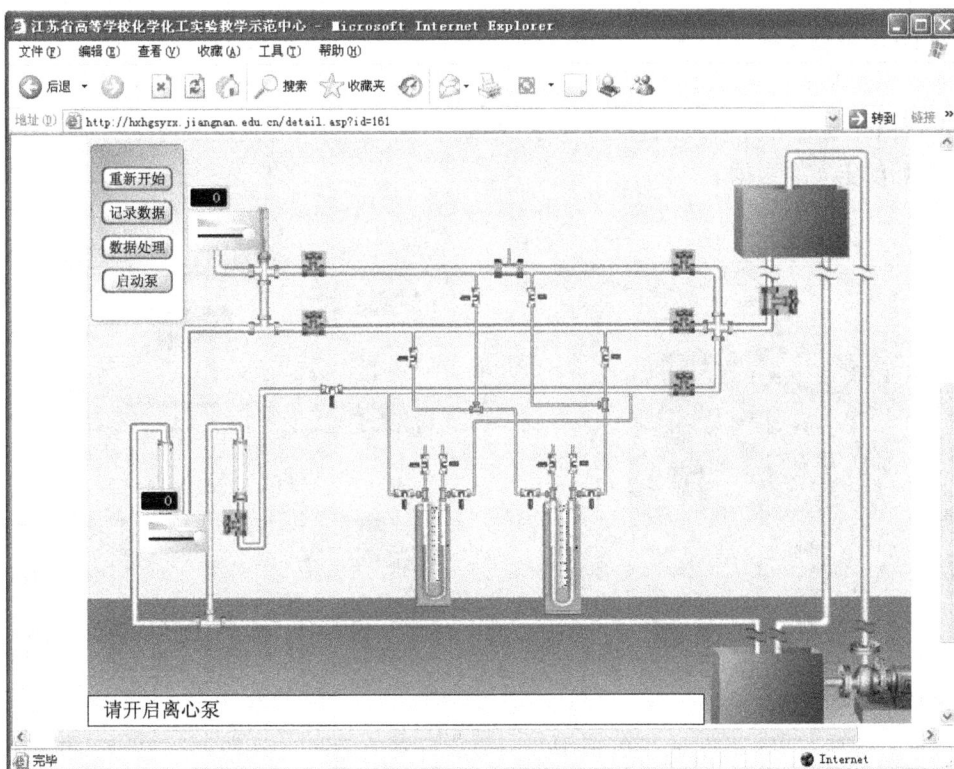

图4-2　直管流动阻力与局部阻力测定仿真实验界面

一、仿真实验装置

仿真实验所示的系统与实际实验装置相仿,由低位水槽、离心泵、高位溢流槽、相应的管道、阀门、转子流量计和U形管压差计组成。

三根平行的水平管道两端都安装了阀门,测定时只打开一根,依次进行测定。三根平行的水平管道中,上面一根中间安装了一个阀门,阀门的两侧有测压口连接到U形管压差计上,用

于测定阀门的局部阻力。中间一根用于测定湍流区的直管流动阻力,由于阀门的局部阻力和湍流区直管流动阻力所产生的压差比较大,使用的是水银为指示液的 U 形管压差计,两根管道共用一个 U 形管压差计,用 U 形管压差计连接导管上的小阀门进行切换。下面一根用于测定层流区的直管流动阻力,由于层流区的直管流动阻力所产生的压差比较小,使用密度较小的邻苯二甲酸二甲酯作为指示液的 U 形管压差计,邻苯二甲酸二甲酯中加了色素以便于读数。

二、仿真实验步骤

仿真实验界面的左下角有实验步骤的提示。

1. 启动泵

仿真实验界面的左下角提示"请开启离心泵",点击界面左上角第四个按钮"启动泵",离心泵便开始工作,蓝色的水从管道打入高位溢流槽,溢流后进行循环,如图 4 - 3 所示。溢流槽是常用的一种维持恒定水位的装置,在实际的实验装置中一般都安置在实验大楼的楼顶,无法看到,仿真实验则可以生动形象地展示出来。溢流槽正常溢流后,蓝色的流动演示从界面中消失,仿真实验界面的左下角出现红色提示"打开总阀",把光标移到溢流槽下方的"总阀"上,这时会弹出一个阀门开度的滚动条,如图 4 - 4 所示,用鼠标按住滚动条的按钮从 0 移到 1,总阀便打开了,可以开始测定实验数据。

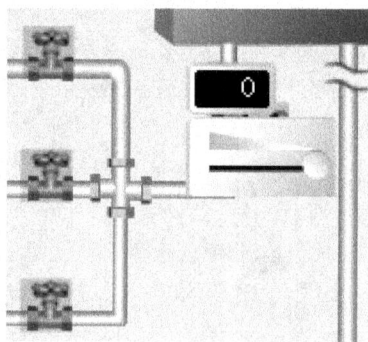

图 4 - 3　溢流槽　　　　图 4 - 4　阀门开度滚动条

2. 实验数据的测定

可以任意选择三根平行的水平管道中的一根进行实验数据的测定,以下以层流区的直管流动阻力实验数据的测定来说明仿真实验如何进行操作,阀门的局部阻力的测定与湍流区直管流动阻力的测定的操作方法和层流区直管流动阻力的测定方法相仿。

(1)选定管道、打开两端的阀门并进行排气。把光标移到从上向下的第三根水平管道,界面上弹出如图 4 - 5 所示的提示,单击管道选定。打开管道两端的阀门,其中右边阀门打

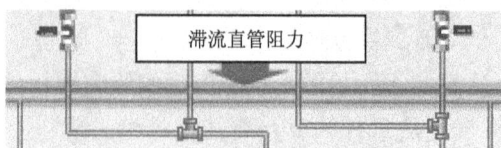

图 4 - 5　选择管道的提示

开的方法和打开总阀的方法一样,左边的阀门只要把光标移到阀门上单击,原来与管道垂直的球阀把手变为与管道平行,阀门便打开了。把光标移到与管道相连的转子流量计前的流量调节阀上,把阀门打开进行排气,然后关上阀门。

(2)对导压管、U形压差计进行排气。依次打开图4-6中左下、左上阀门对左侧导压管进行排气,完成后把两个阀门关上;再依次打开图4-6中右下、右上阀门对右侧导压管进行排气,完成后把两个阀门关上;然后依次打开图4-6中左下、右上阀门对U形压差计右侧管子进行排气,完成后把两个阀门关上;最后依次打开图4-6中右下、左上阀门对U形压差计左侧管子进行排气,完成后把左上阀门关上、打开左下阀门,U形压差计两侧指示液液面达到同一水平面上,这时便可以调节流量、记录实验数据。需要说明的是,在实际的实验装置上,如果U形压差计两侧管子中没有气泡,就不必进行排气操作,如有气泡需进行

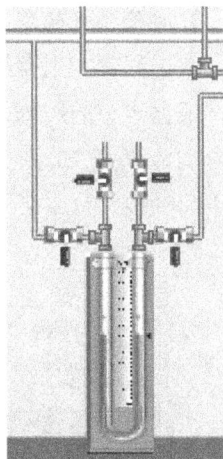

图4-6　排气阀门

排气,必须十分小心,防止把指示液冲出,污染实验室。在仿真实验中,由于程序的设定,必须进行排气后才能进入下面的操作。

(3)调节流量、记录实验数据。把光标移到转子流量计前流量调节阀上调节流量,由于程序的设定,至少要测6组数据,并且必须要包括最大流量和最小流量时的实验数据,才能进入下面的实验数据处理。测定每一组数据时,为了便于读数,可以单击U形压差计,这时会弹出如图4-7所示的放大了的U形压差计,等数字稳定后,点击界面左上方"记录数据"按钮,系统便自动记录下实验数据。也可以用笔和纸把压差数据记录下来。实验数据测完后,关闭所有的阀门、关闭泵切断电源,就可以进行实验数据处理。

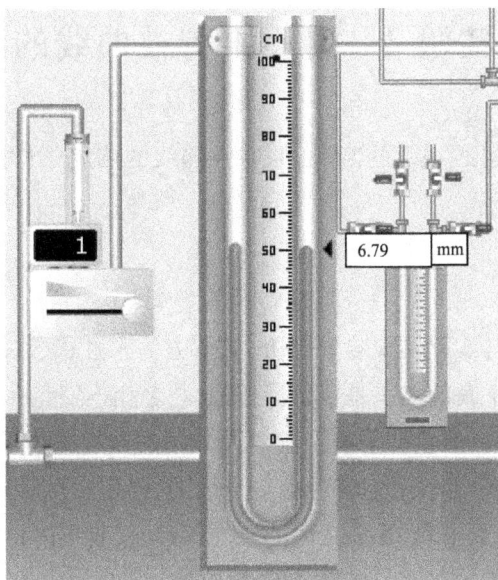

图4-7　放大的U形压差计

3. 实验数据处理

点击界面左上角第三个按钮"数据处理",界面上便弹出实验数据处理界面,如图 4 – 8 所示。根据表中的数据,自己可以计算 Re 和摩擦系数并作图。也可以点击"自动计算"按钮,系统自动计算 Re 和摩擦系数并填入表中,再点击"看图形"按钮,系统自动作出 λ—Re 关系图,如图 4 – 9 所示。

图 4 – 8　实验数据处理

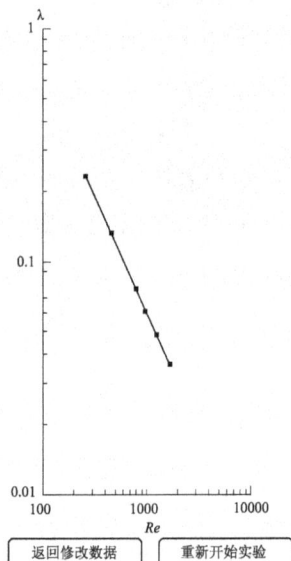

图 4 – 9　λ—Re 关系图

仿真实验 2　离心泵特性曲线的测定

点击"化工原理实验模拟"栏下的"离心泵特性曲线的测定",即进入离心泵特性曲线测定的仿真实验,如图 4 – 10 所示。

一、仿真实验装置

仿真实验所示的系统与实际实验装置相仿,左下方为水贮槽,水流经离心泵和管道系统后又流回贮槽循环使用。左上角的仪表是显示流量的,与之相连安装在管道中的是一只涡轮流量计,涡轮流量计右边的阀门是流量调节阀。流量调节阀的右边安装了一只温度计,用于测量水温。温度计下面的阀门是灌泵时用的排气阀,再下面的一只阀门是用于灌泵的进水阀。两只圆形的压力表中,左边一只是真空表,安装在离心泵的入口,安装在离心泵的出口的是压力表。离心泵右下方的一只仪表是连接在离心泵输入电路中的功率表,用于测量功率。图中的仪表用鼠标单击可以放大或缩小以便于观察和读数。

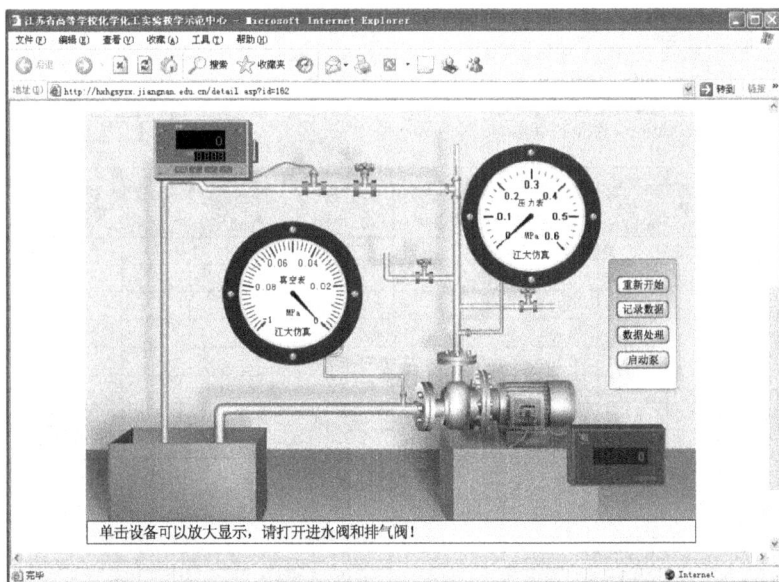

图 4 – 10　离心泵特性曲线测定仿真实验界面

二、仿真实验步骤

1. 灌泵

离心泵内若充满了空气,由于空气的密度小,离心泵运转时就无法正常工作,这种现象称为"气缚"。为了避免"气缚"现象,离心泵在启动前需要进行灌泵。把光标分别移到排气阀和进水阀上,拖动弹出的滑动条,打开排气阀和进水阀进行灌泵,然后,按界面右下角的提示关闭排气阀和进水阀。

2. 实验数据的测定

点击右边四个按钮中的"启动泵"按钮,界面左下角提示"泵已经启动",即可进行实验数据的测定,等真空表和压力表的指针停止摆动稳定后,点击界面右边四个按钮中的"记录数据"按钮,系统便自动记录下了流量为 0 时的实验数据,也可以用笔和纸把流量读数、真空表读数、压力表读数和功率表读数等实验数据记录下来。然后,把光标移到流量调节阀上,拖动弹出的滑动条调节流量,等数据稳定后记录下一组实验数据。由于程序的设定,至少要测 8 组数据,并且要在大流量的附近多测几组数据,因为效率和流量特性曲线(η—Q 曲线)在大流量的附近有极大值点,曲线发生弯曲,多测几组数据才能作出比较好的图线。数据测定完以后,关闭流量调节阀,点击"关闭泵"按钮,系统提示"泵已经关闭",即可进行实验数据的处理。

3. 实验数据处理

点击界面上"数据处理"按钮,系统弹出如图 4 – 11 所示的实验数据处理界面。根据表中提供的数据,自己可以根据柏努利方程等有关计算公式计算泵的扬程、有效功率和效率。也可以点击"自动计算"按钮,系统自动计算有关数据以后自动填入表中。再点击"看图形"按钮,系统自动作出扬程和流量特性曲线、功率和流量特性曲线及效率和流量特性曲线,如图 4 – 12 所示。

大气压: 1 bar   水温: 25 ℃
离心泵的型号: IS 40—25—125   泵转速: 2830 r/min
吸水管内径: 0.04 m   排水管内径: 0.025 m
压力表与真空表测压点高差: 0.207 m
压力表中心至测压点的距离: 0.325 m

自动计算
看图形

次数	流量计读数/(t/h)	出口压力表读数/MPa	进口真空表读数/MPa	功率表读数/kW	流量Q/m³/s	扬程压头H/m	有效功率Ne/kW	轴功率N/kW	效率h/%
1	0	0.17	0.03	0.95					%
2	1.3185	0.178	0.0308	1.05					%
3	2.038	0.174	0.0316	1.09					%
4	3.547	0.164	0.0349	1.165					%
5	4.538	0.157	0.0361	1.22					%
6	5.022	0.152	0.0372	1.26					%
7	6.047	0.14	0.0344	1.31					%
8	6.404	0.134	0.0386	1.32					%

请计算并把对应数值填在空白处!

图 4 - 11　实验数据处理

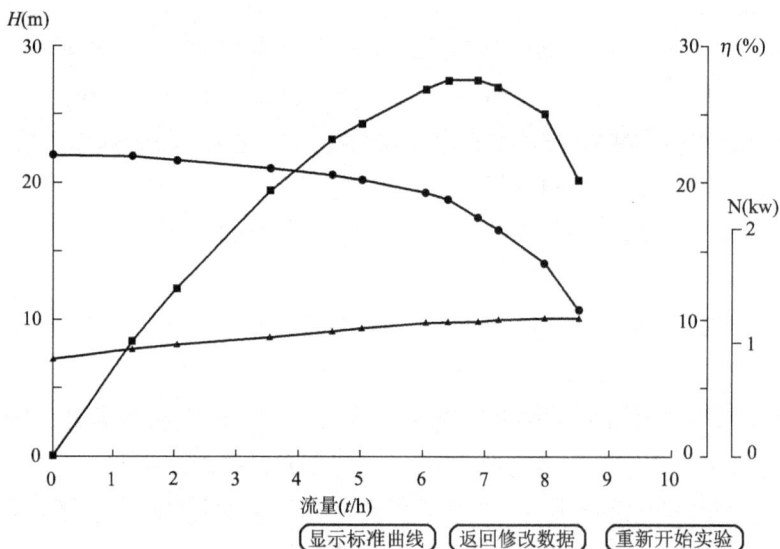

图 4 - 12　离心泵特性曲线(实验结果)

仿真实验 3　板框压滤机过滤常数的测定

点击"化工原理实验模拟"栏下的"板框压滤机过滤常数的测定",即进入板框压滤机过滤常数测定的仿真实验,如图 4 - 13 所示。

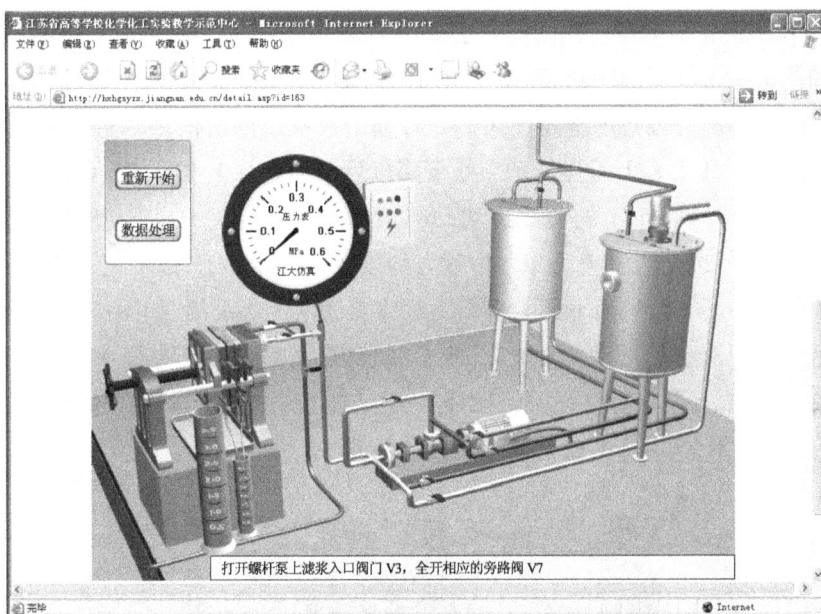

图 4 – 13　板框压滤机过滤常数的测定仿真实验界面

一、仿真实验装置

仿真实验所示的系统与实际实验装置相仿,右边两只贮槽,靠墙角的是洗水贮槽,盛放清水用于洗涤滤饼,带有搅拌装置的另外一只贮槽盛放滤浆。与两只贮槽相连的管道涂了不同颜色的油漆,涂银灰色油漆的管道是过滤通道,涂绿色油漆的管道是洗涤通道。过滤时,操作过滤通道上的阀门,洗涤通道上的阀门则全部关闭;洗涤时,操作洗涤通道上的阀门,过滤通道上的阀门全部关闭。界面中间与电动机连接在一起的泵是用于输送滤浆的螺杆泵,泵的外壳涂上了绿色的油漆,螺杆泵是具有正位移特性的泵,因此泵出口的压力采用旁路阀进行调节,并且在泵的出口和进口之间安置了回路,在泵上方的回路管道之间安装了安全阀,泵的出口管道上安装了一只压力表。安置在界面左侧方形座子上的是一小型板框压滤机,旁边放着两个量筒。点击压力表或左边的量筒可以对压力表和量筒进行放大或缩小。压力表右侧的墙上安装了电源箱,电源箱上边一排三个是指示灯,下边一排三个绿色的是启动或停止相关设备的按钮。

二、仿真实验步骤

1.搅拌滤浆、组装板框压滤机

按照界面左下方的提示启动搅拌器:首先点击电源箱上从左向右第一个按钮打开总电源,然后点击第二个按钮启动搅拌器搅拌滤浆。这时,板框压滤机这边会展示组装板框压滤机的动画:打开板框压滤机,把滤布放在滤框上,再把滤框放好,然后用压紧装置把板框压滤机压紧。

2.过滤

按照界面左下方的提示打开螺杆泵上滤浆入口阀门 V3、全开相应的旁路阀 V7(移动鼠标到相关的阀门上,系统便会跳出阀门序号的提示),入口阀门 V3 采用鼠标点击的方法打开或关闭,旁路阀 V7 采用按住鼠标左右拖动的方法来调节阀门的开度。入口阀门 V3 和旁路阀 V7 打开后的状况如图 4 - 14 所示,点击电源箱上从左向右第三个按钮启动螺杆泵,调节旁路阀 V7 使螺杆泵出口管道上的压力表指示略高于 0.1MPa,点击板框压滤机前银灰色管道上的滤浆入口阀 V8 开始过滤,这时压力表上压强指示突然下降以后又回到 0.1 MPa,表示过滤过程中要不断调节旁路阀 V7 维持 0.1 MPa 下的恒压过滤,同时界面中央跳出一只秒表开始计时,滤液从板框压滤机流入左边的量筒,当流满 3.5L 时,秒表的读数会暂停一下,以示记录数据,右边的空量筒会替换满了的量筒,同时,界面下部会多出一只盛着滤液的小量筒,如图 4 - 15 所示。图中一只大的量筒是接取滤液小量筒的放大图,以便于观察,点击后可以从界面中消失。滤饼充满滤框时过滤结束,点击螺杆泵电源按钮关闭螺杆泵,再点击搅拌器电源按钮关闭搅拌器,然后关闭过滤通道上的阀门 V3、V7 和 V8,过滤阶段的操作结束。

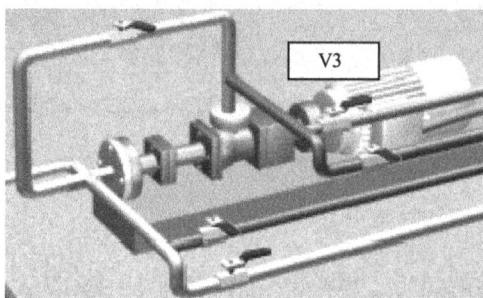

图 4 - 14　打开入口阀门 V3 和旁路阀 V7

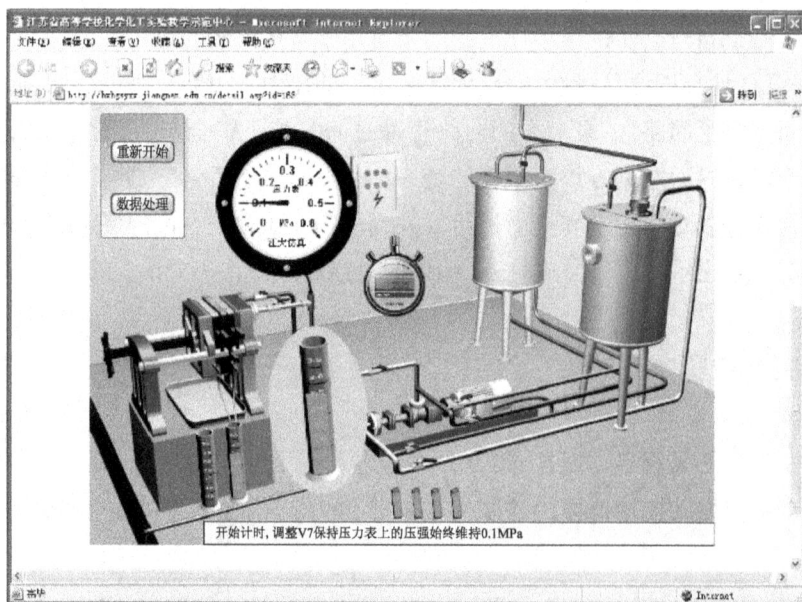

图 4 - 15　过滤进行中

3. 滤饼洗涤

洗涤滤饼之前要把螺杆泵和相关管道中滤浆冲洗干净,打开螺杆泵上洗水入口阀门 V4 和通向下水道的绿色管道上的阀门 V10,点击螺杆泵电源按钮启动螺杆泵进行冲洗。螺杆泵和相关管道冲洗完成后,打开洗水旁路管道上的旁路阀 V6,关闭阀门 V10,关上板框压滤机洗板上出水口阀门(光标移动到阀上会指示说明"洗涤板阀门"),然后点击打开板框压滤机前绿色管道上的洗水入口阀 V9 开始洗涤滤饼,这时系统自动调节旁路阀 V6 保持洗涤过程也在 0.1MPa 下进行。滤饼洗涤完成后关闭螺杆泵,然后关闭洗涤通道上的阀门 V4、V6、V9 和板框压滤机非洗板上出水口阀门(光标移动到阀上会指示说明"过滤板阀门"),洗涤阶段的操作结束。

4. 卸渣

点击电源箱上总电源按钮关闭总电源,这时板框压滤机这边会展示卸渣的动画:打开板框压滤机,取出滤框,拿走滤布,取出滤饼,再把滤框放好,系统恢复原状。

5. 实验数据处理

点击界面上"数据处理"按钮,系统弹出如图 4-16 所示的实验数据处理界面。根据表中提供的数据,自己可以根据用差分方程代替恒压过滤微分方程并且线性化以后的公式计算有关参数,然后作图,再根据作图所得直线的斜率和截距计算过滤常数。也可以点击"自动计算"按钮,系统自动计算有关数据以后自动填入表中。再点击"看图形"按钮,系统自动作出图线并计算过滤常数,如图 4-17 所示。

过滤 框长=0.224m　　框宽=0.203m　　表压=0.1MPa				自动计算 看图形	
				体积/面积 dt/dq / (m³/m²)	
次　数	滤液体积 ΔV/L	时间 t/s	q/ (m³/m²)	手工计算	自动计算
1	3.5	38			
2	3.5	90			
3	3.5	155			
4	3.5	234			
5	3.5	326			
6	3.5	432			
7	3.5	551			
8	3.5	684			
9	3.5	830			
10	3.5	990			

请计算并把对应数值填在空白处!

图 4-16　实验数据处理

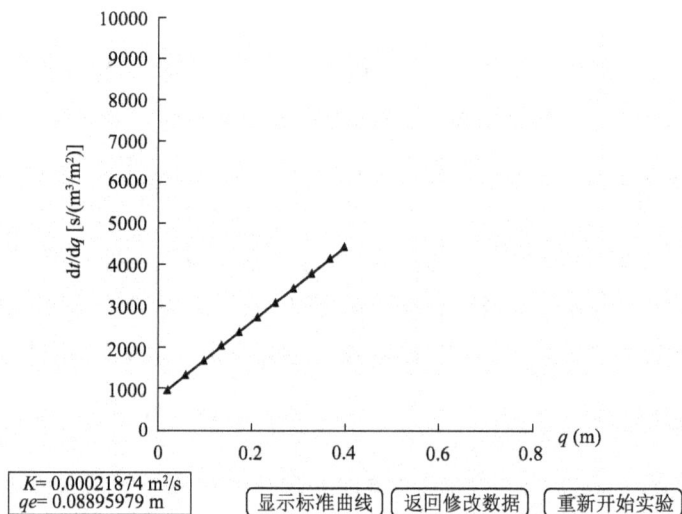

图 4 – 17 $\dfrac{\mathrm{d}t}{\mathrm{d}q}$ — q 关系图

仿真实验 4　换热器对流传热系数的测定

点击"化工原理实验模拟"栏下的"换热器对流传热系数的测定",即进入换热器对流传热系数测定的仿真实验,如图 4 – 18 所示。

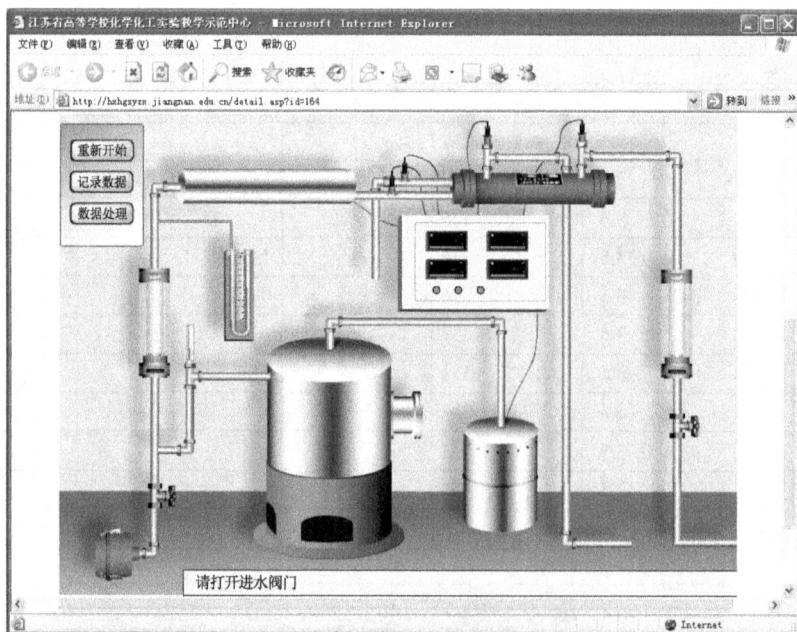

图 4 – 18　换热器对流传热系数的测定仿真实验界面

一、仿真实验装置

仿真实验所示的系统与实际实验装置相仿,界面中间的电源箱上有四只温度指示仪表和三个电源开关按钮。四只温度指示仪表中,上面两只指示冷流体进出换热器的温度 t_1 和 t_2,下面两只指示热流体进出换热器的温度 T_1 和 T_2,三个电源开关按钮从左向右依次是总电源开关、气泵电源开关和空气加热器开关,把鼠标移到温度指示仪表上或电源开关按钮上会弹出相应的指示说明。电源箱下方由电线与电源箱连着的圆柱物是气泵,气泵的左边是缓冲罐,波动较大的气流经缓冲罐后平稳流出,缓冲罐的出口管道上安装了温度计。空气在进入转子流量计前流经一个三通,三通的下边是一只旁路阀,调节旁路阀的开度就可以调节空气的流量。旁路阀的左下方橘红色的是消声器,用于降低噪声。三通的上方是转子流量计,转子流量计的出口管道上连接了一只 U 形管压差计,用于测量气体的压强。由于转子流量计上的刻度是生产厂家用 $1.01 \times 10^5 Pa$、$20℃$ 下的空气标定的,使用时实际气体的流量要用操作时气体的实际压强和温度进行校正。U 形管压差计上方银灰色的是加热器,空气经过加热器后温度升高,加热器的出口管道上安装了热电阻,空气加热后的温度 T_1 由温控仪表的设定值控制。加热器的右边绿色的是一只双管程单壳程的列管式换热器,热空气从换热器左侧封头进入换热器,流经换热器的管程后仍从左侧封头流出,空气冷却后的温度 T_2 由换热器出口管道上安装的热电阻测定。冷水由界面右下方的管道进入,水的流量由转子流量计显示,水流量的大小由转子流量计下面的阀门调节。水进入换热器的壳程,换热器的进口管道上安装了热电阻,用于测量水进入换热器时的温度 t_1,水流出换热器的管道上也安装了热电阻,用于测量水的出口温度 t_2。

二、仿真实验步骤

1. 启动系统

(1)按照界面左下方的提示打开进水阀:把光标移到界面右下方的进水阀上,即会弹出阀门开度的滑动条,拖动滑动条打开进水阀。

(2)全开旁路阀:把光标移到界面左下方的空气旁路阀上,拉动弹出的阀门开度滑动条把旁路阀全部打开。

(3)打开电源:先点击总电源开关按钮打开总电源,再点击气泵电源开关按钮启动气泵,最后点击空气加热器开关按钮打开空气加热器加热空气。

2. 实验数据的测定和记录

点击空气转子流量计、温度计、U 形压差计和水转子流量计,相关部件就放大,以便读数。放大的空气转子流量计、温度计和 U 形压差计如图 4－19 所示。把光标移到四只温度指示仪表中的任一只上,便会弹出相应的温度数据,如图 4－20 所示。等不断跳动的数字稳定不动后,点击界面左上方"记录数据"按钮,系统便自动记录下该空气流量下的 8 个实验数据。也可用笔和纸手工记录实验数据。然后调节旁路阀的开度改变空气流量,等数据稳定后记录下一组 8 个实验数据。由于程序的设定,至少要测 5 组数据。实验数据测完后,首先点击空气加热器开关按钮关闭空气加热器电源,然后把空气旁路阀开至最大,点击气泵电源开关按钮关闭气泵,再点

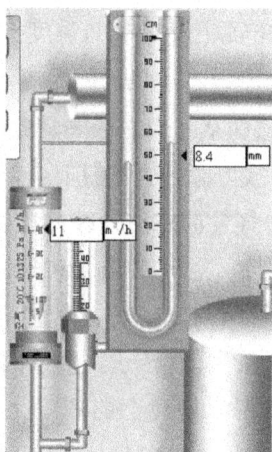

图 4 - 19　放大了的转子流量计、
温度计和 U 形压差计

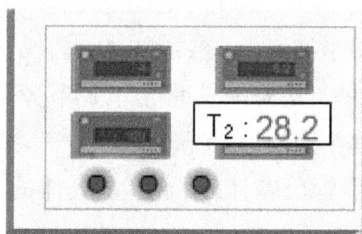

图 4 - 20　弹出显示温度数据

击总电源开关按钮关闭总电源,关闭进水阀,就可以进行实验数据处理。

3. 实验数据处理

点击界面左上角第三个按钮"数据处理",界面上便弹出实验数据处理界面,如图 4 - 21 所示。根据表中的数据,自己可以计算 Pr、Re、Nu 等数据并填入表中。也可以点击"自动计算"按钮,系统自动计算有关数据以后填入表中。再点击"看图形"按钮,系统自动作出 $\lg(Nu/Pr^{0.3})$ —$\lg Re$ 关系图线并计算参数 a 和 b,如图 4 - 22 所示。

管径 = 0.008 m　　　管束 n = 14　　　　　　　　　　　　　　　自动计算

水的流量 = 100L/h　　传热面积 = 0.4m²　　　　　　　　　　　　看图形

次数	空气流量	空气表压	空气温度 预热前	空气温度 换热器入口	空气温度 换热器出口	水温度 入口	水温度 出口	Pr	Re	Nu	$K/[W/(m^2 \cdot {}^\circ C)]$	$\lg Re$	$\lg(Nu/Pr^{0.3})$
	m³/h	mmHg	℃	℃	℃	℃	℃						
1	11	8.4	40	100	23.1	4	6.4						
2	17	18.3	40	100	26.1	4	7.5						
3	24	32.9	40	100	29.3	4	8.8						
4	32	51.8	40	100	31.4	4	10.2						
5	40	71.7	40	100	33.3	4	11.5						

请计算并把对应数值填在空白处!

图 4 - 21　实验数据处理

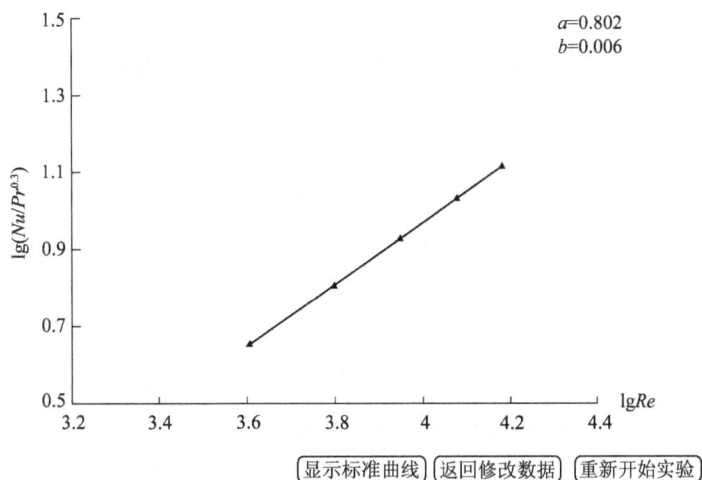

图 4 - 22　$\lg(Nu/Pr^{0.3})$ —$\lg Re$ 关系图

仿真实验 5　精馏塔的操作与板效率的测定

点击"化工原理实验模拟"栏下的"精馏塔的操作与板效率的测定",即进入精馏塔的操作与板效率测定的仿真实验,如图 4 - 23 所示。

一、仿真实验装置

仿真实验页面所示的精馏塔操作系统与实际实验装置相仿。界面右上方是料液高位槽,用于盛放配制好的乙醇水溶液原料。原料液靠重力流入下方储液罐,储液罐内部有隔板把储液罐分为上下两部分,下半部分存放原料液,上半部分在部分回流操作时存放塔顶馏出液产品。储液罐下面出口与进料泵相连,进料泵出口管子上装有三通,通过阀门调节,在加料时料液从与三通水平相连的管子流入精馏塔塔釜,部分回流操作时料液从与三通垂直相连的管子流经转子流量计后流入精馏塔的加料板。精馏塔共有十五块塔板,在塔的上部、中部和下部分别有三段玻璃塔身,可观察塔内气液鼓泡接触和回流情况。塔的下部塔釜上安装有压力表,塔的顶部是冷凝器,冷凝器上连接有冷却水进出的水管。冷凝器右方与冷凝器有管道相连的是馏出液分配器,分配器下面连有两根管子,馏出液通过左边的管子经转子流量计后回流流入精馏塔,通过右边的管子经转子流量计后流入产品储槽,在部分回流操作时,通过这两个转子流量计来调节回流比。塔釜旁边的电源箱上有三只温度指示仪表、一只电压指示仪表和三个电源控制按钮。三只温度指示仪表中,左面一只指示塔顶温度,中间一只指示灵敏板温度,右面一只指示塔底温度。电压指示仪表显示的是塔釜电加热器的加热电压。三个电源控制按钮中,左面一只是控制塔釜电加热器加热电压的,中间一只是进料泵电源开关,右面一只是电源总开关。在操作中,把鼠标移到三只温度指示仪表中的任意一只

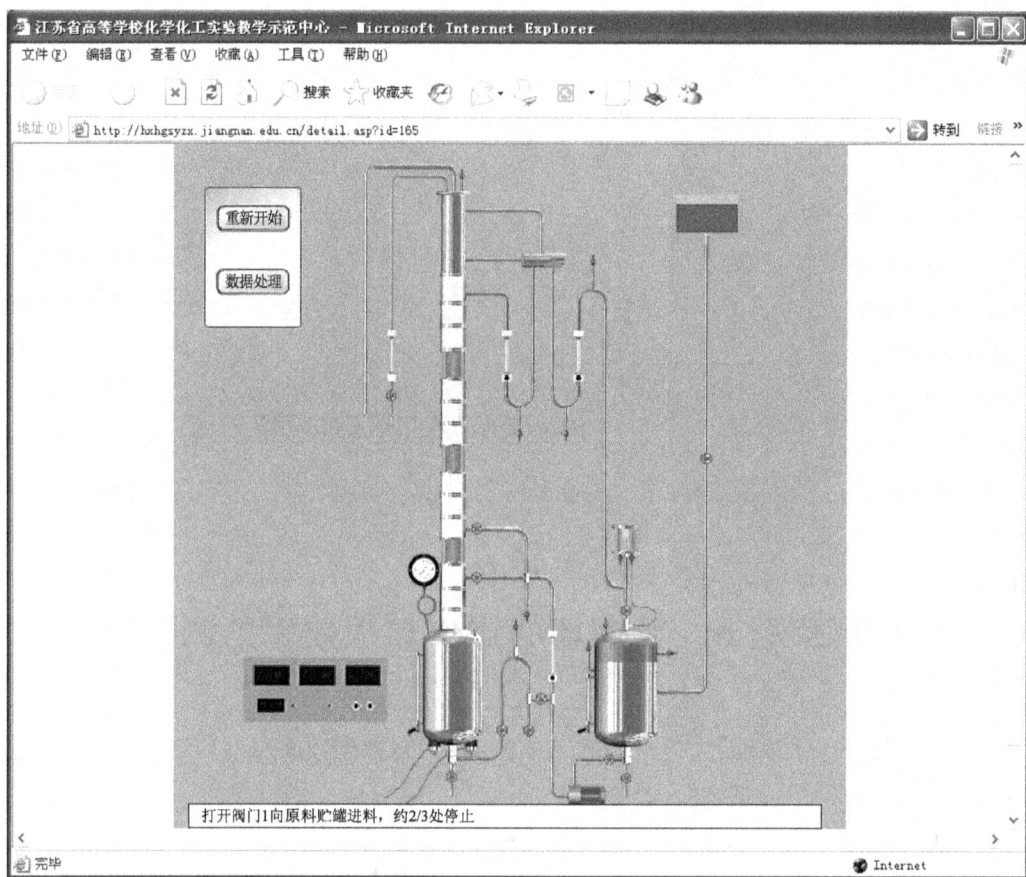

图 4 – 23 精馏塔的操作与板效率测定仿真实验界面

上,便会弹出相应的温度数据。

二、仿真实验步骤

1. 加料

按照页面左下方的提示打开阀门1(移动鼠标到相关的阀门上,系统便弹出阀门序号的提示),阀门1在料液高位槽和储液罐之间的连接管道上。鼠标左键点击阀门,便会弹出开关阀门的滑动条,用鼠标移动滑动条即可打开阀门。阀门1打开后,页面出现料液从高位槽流向储液罐的动画,储液罐左侧的液位计显示出储液罐内原料液液位高度,如图4 –24所示。按照界面左下方的提示启动泵:把鼠标移到电源箱总电源开关按钮上,页面会弹出"打开总电源开关"的提示,如图4 –25所示。点击按钮打开总电源,再把鼠标移到左侧的泵电源开关上,点击按钮启动泵。页面左下方提示打开阀门2,阀门2在储液罐和加料泵之间的连接管道上,把鼠标移到阀门2上点击打开阀门2,再按照页面左下方的提示依次打开阀门3、阀门4,阀门3在加料泵出口管道上三通的水平出口管道上,阀门4在三通和精馏塔塔釜之间的连接管道上。阀门4打开后页面出现料液流入塔釜的动画,塔釜左侧的液位计显示出塔釜内原料液液位的高度。塔釜上有一加料口,在实际的实验操作中,加料还可以直接将配制好的原料液从塔釜上的加料口加入,要注意塔釜左侧液位计中原料液液位至 2/3 以上,确保塔釜内原料液完全浸没釜内的电加热器,以免加热器裸露在液面外干烧而损坏。

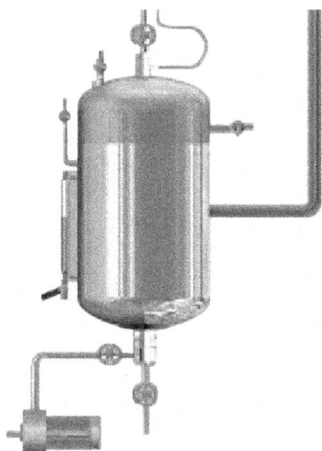

图 4 - 24　储液罐加料

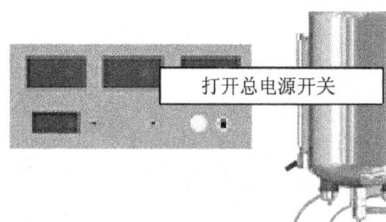

图 4 - 25　打开总电源开关

2. 全回流操作

按照页面左下方的提示关闭泵、关闭阀门 3。页面左下方提示"调节电压 180～220V,打开电源,使电加热器对釜液加热",把鼠标移到电源箱上控制塔釜电加热器加热电压的按钮上,点击打开塔釜内电加热器,页面左下方的提示栏中会依次出现"开启阀门 5 开通塔顶冷凝器,冷却水流量控制在 60～90L/h 之间"、"确定馏出产品管路的转子流量计阀门(阀门 9)关闭"、"回流管路上的转子流量计阀门(阀门 8)全开"、"等待出现汽液泡沫接触状态",说明全回流的一系列操作步骤。在点击塔釜电加热器加热电压的按钮打开塔釜内电加热器前,先点击塔釜上的压力表使之放大便于观察,并且把鼠标移到温度指示仪表上,压力表和温度仪表指示值不断增加直至稳定,这时玻璃塔段内显示汽液稳定接触的动画,塔顶回流稳定,页面上弹出两只量筒,页面左下方的提示栏中出现"取样、测定",如图 4 - 26 所示。把鼠标移到量筒上点击量筒,量筒便分别移到塔顶和塔底取样口取样分析。

3. 部分回流操作

按照页面左下方的提示,把鼠标移到泵电源开关上点击启动泵。点击进料管上转子流量计下端的阀门,拖动弹出的滑动条打开阀门,点击转子流量计,转子流量计便会放大,如图 4 - 27 所示。按提示打开阀门 6,阀门 6 在第 11 块加料板上(即在上面一根进料管上),再按照提示打开阀门 9,阀门 9 在塔顶馏出液分配器产品出料管上转子流量计的下方,如图 4 - 28 所示。在打开阀门之前,用鼠标点击转子流量计,转子流量计便会放大。再按提示打开阀门 8,阀门 8 在塔顶馏出液分配器回流液进塔回流管的转子流量计下方,页面

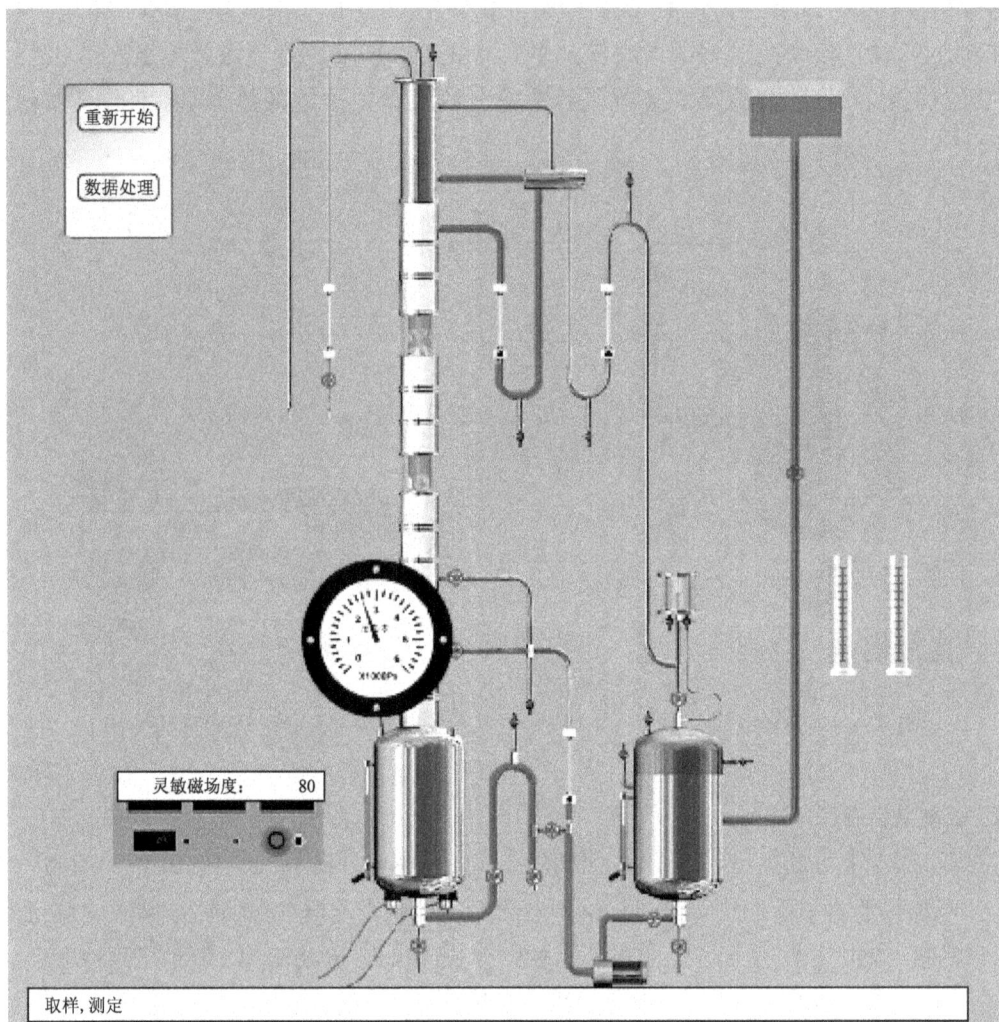

图 4 – 26　全回流操作

左下方的提示栏中会依次出现"调节回流比(阀门 8、阀门 9 调节,流量比值为 1∶4)"、"取样、测定",说明部分回流操作的一系列操作步骤。同时,页面上弹出三只量筒,把鼠标移到量筒上点击量筒,量筒便分别移到塔顶和塔底取样口取样分析。按页面左下方的提示"将电压调回至 0",即用鼠标点击塔釜电加热器加热电压控制按钮,然后再按提示点击泵电源开关按钮关闭泵,点击总电源开关按钮关闭总电源。再按"待塔内没有回流时,关闭冷却水"的提示关闭阀门 5。页面左下方的提示栏中依次出现"关闭所有阀门"、"实验结束,进入数据处理"。

4. 全回流理论塔板数的求取

点击页面左上角"数据处理"按钮,便出现图解求取全回流理论塔板数的实验数据处理界面,如图 4 – 29 所示。用图解求得的理论塔板数除以实际塔板数(15 块),即得全塔效率。

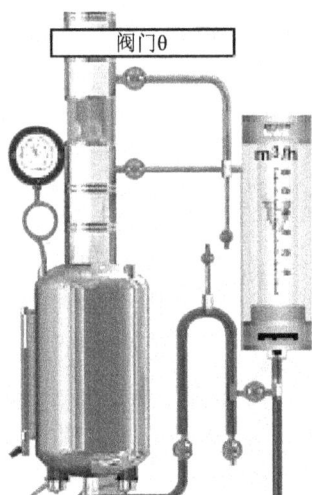

图 4 – 27　进料转子流量计

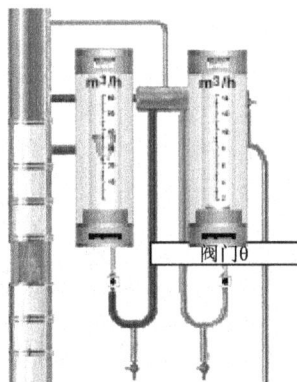

图 4 – 28　调节回流比

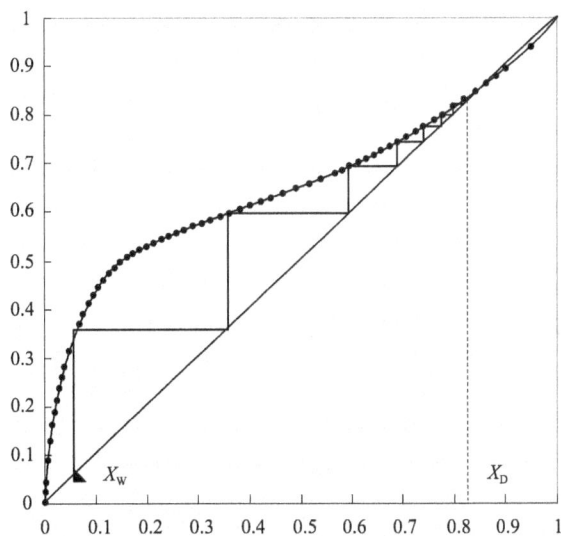

图 4 – 29　图解求取全回流理论塔板数

仿真实验 6　填料吸收塔吸收系数的测定

点击"化工原理实验模拟"栏下的"填料吸收塔吸收系数的测定",即进入填料吸收塔吸收系数测定的仿真实验,如图 4 – 30 所示。

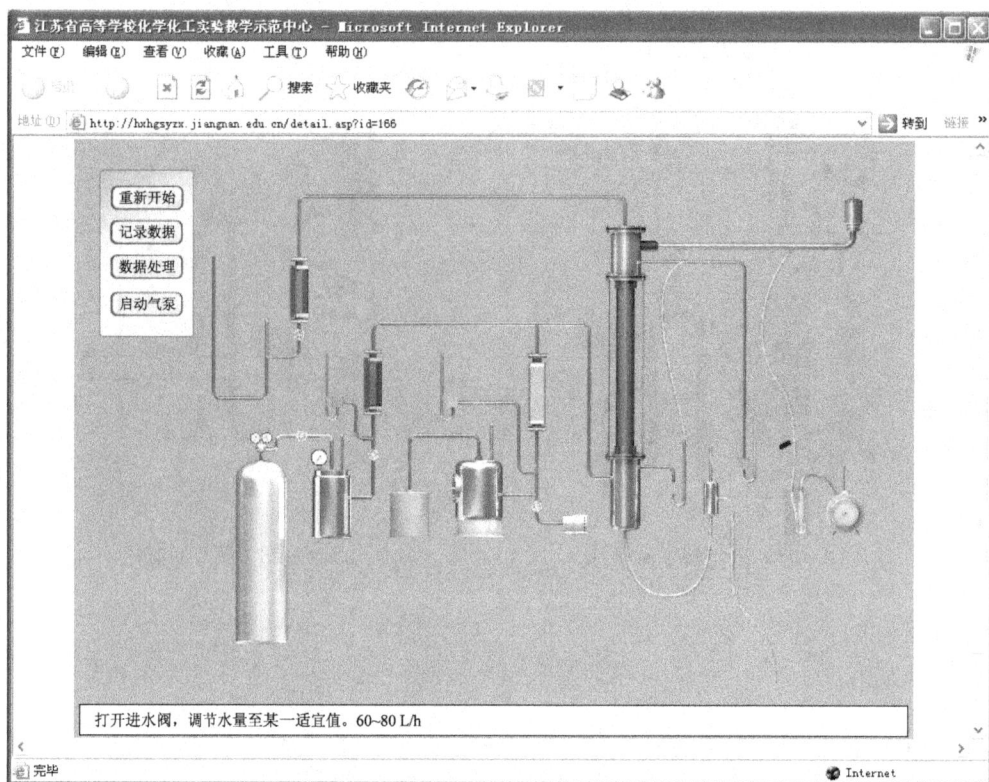

图 4 - 30　填料吸收塔吸收系数测定仿真实验界面

一、仿真实验装置

仿真实验所示的实验设备和流程与实际实验设备和流程相似,页面左下方黄色的是氨气钢瓶,氨气钢瓶用管道与氨气稳压罐相连,氨气从氨气钢瓶流出经管道进入稳压罐,从稳压罐流出经转子流量计计量后进入吸收系统,稳压罐上装有温度计,用于测定氨气的温度;转子流量计下方的管道上有一个三通,三通的水平管道上装有一个 U 形管测压计,用于测定氨气的压强。根据测得的氨气温度和压强,可以校正流量计读得的读数进而求得氨气的摩尔流量。氨气稳压罐右边是气泵,气泵的右边是空气稳压罐,气泵将空气打入空气稳压罐,空气稳压罐的出口管道上有一个三通,三通向下的旁路管道上装有一个阀门,管道出口装有一个消声器(橘红色),调节旁路阀的开度即可调节空气的流量。空气从稳压罐流出向上经转子流量计计量后进入吸收系统,空气稳压罐上也装有温度计,用于测定空气的温度;转子流量计下方的管道上也有一个三通,三通的水平管道上装有一个 U 形管测压计,用于测定空气的压强。根据测得的空气温度和压强,可以校正流量计读得的读数进而求得空气的摩尔流量。根据求得的氨气的摩尔流量和空气的摩尔流量,即可求得进入吸收塔的混合气体中氨气的摩尔浓度。页面右上方的流量计用于计量喷淋水的流量,流量计下方的自来水进口管道上安装了温度计,用于测定喷淋水的入塔温度,管道上还安装了一个阀门,用于调节水的流量。水从吸收塔流出的管道上也安装了一个温度计,用于测定水的出塔温度。空气和氨混合气体从吸收塔底流入,经过填料层与水接触后从塔顶流出。塔顶和塔底间安装了一个压差计,用于测定气体流过填料层的压降,塔顶还安装了一个测压计,测定塔顶气体的压强。塔顶尾气流出的管道上有一旁路管道,旁路管道上安装有一个阀门、一个尾气分析吸收盒和一个湿式气体流量计。旁路管道将部分尾气引入尾气分析吸收盒,尾气中的氨与吸收盒中一定量已知浓度的硫酸溶液发生反应,剩余的空气流经湿式气体流量计进行计量,用于计算尾气中氨的摩尔浓度。

二、仿真实验步骤

1. 打开喷淋水

按照页面下方的提示打开进水阀,进水阀在页面左上方的转子流量计的进口管道上,把鼠标移到阀门上页面会弹出"进水阀"的提示,如图 4 - 31 所示。用鼠标左键点击阀门,便会弹出开关阀门的滑动条,用鼠标移动滑动条至最大即可打开阀门,系统会自动设定流量值在 60 ~ 80L/h,用鼠标点击转子流量计,转子流量计便会放大,可以看到转子浮在 60 ~ 80L/h 的刻度之间。进水阀打开后,页面便会展示水流动的动画。

2. 启动气泵

按照页面下方的提示,把鼠标移到空气稳压罐出口管道上的旁路阀上,点击阀门,用鼠标移动弹出的滑动条至最大打开旁路阀门。在实际的实验操作中,也应注意在启动气泵前要先把旁路阀全部打开,否则气泵一开动,系统内气速突然上升会使 U 形管测压计中的指示液喷出,还有可能碰坏空气转子流量计。按照页面下方的提示点击左上方的"启动气泵"按钮启动气泵,再按照页面下方的提示"调节旁路阀使空气的流量在 10 ~ 22m³/h 之间":先点击转子流量计,转子流量计便会放大,再用鼠标点击旁路阀,用鼠标左键拖动弹出的滑动条即可调节空气的流量,如图 4 - 32 所示。滑动条定位在某一位置后,转子流量计中的转子会移动至相应的位置,这时页面会展示空气流动的动画。

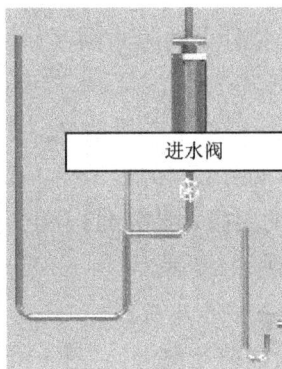

图 4 - 31　进水阀

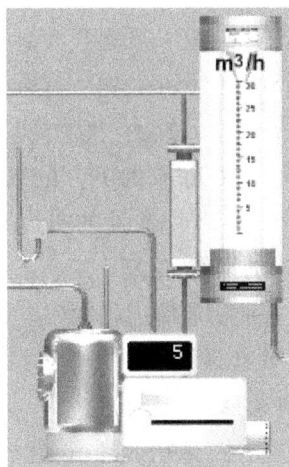

图 4 - 32　调节空气的流量

3. 通入氨气

按照页面下方的提示"打开氨瓶的阀门",用鼠标左键点击氨气钢瓶上的阀门,便会弹出开关阀门的滑动条,用鼠标移动滑动条至最大即可打开阀门(在实际的实验室里,氨气钢瓶放在专用的房间中,氨气钢瓶的阀门由实验室老师打开)。再按页面下方的提示"打开稳压罐的阀门",点击氨气钢瓶和稳压罐连接管道上的阀门,用鼠标移动弹出的滑动条至最大打开稳压罐阀门。再按提示"打开氨气转子流量计上的阀门":先点击转子流量计,转子流量计便会放大,再用鼠标点击转子流量计下方的阀门,用鼠标左键拖动弹出的滑动条至最大打开阀门,页面下方的提示栏中依次出现"向空气管路中送入适量的氨,使混合气体中氨的浓度在3%以下,氨气的流量在 $0.3\sim0.5m^3/h$"、"等待空气、氨、水三者的流量达到稳定"和"分析尾气"的说明,页面的右边跳出一只里面管子呈红色的吸收盒。在实际的实验操作中,在向吸收系统通入水、空气和氨并将它们调到合适的流量时,同时要准备好分析尾气的吸收盒:用移液管向吸收盒中加入 1mL 已标定好浓度(约为 $0.025mol/L$)的硫酸溶液,加入几滴甲基红指示剂,加入适量水,然后把吸收盒接入管路中。

4. 分析尾气、记录数据

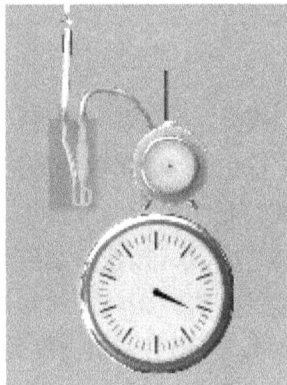

图 4-33 尾气分析

点击页面跳出的管子里面呈红色的吸收盒,吸收盒便跳入管路中(尾气采集管上的阀门也自动呈开启状),同时湿式气体流量计的下方跳出一个放大了的湿式气体流量计的面板,面板上指针在转动,如图 4-33 所示。尾气分析吸收盒中指示剂的颜色逐渐变化,当指示剂颜色变为黄色时,页面跳出对话框"反应结束,请迅速关闭旋塞",点击"是"按钮,尾气采集管上的阀门自动关闭,页面下方提示"记录数据"。点击页面左上方的"记录数据"按钮,系统自动产生和记录数据,并在页面下方提示"改变空气的流量(氨气、水的流量不变)"。在实际的实验操作中,在向吸收系统通入水、空气和氨并将它们调到合适的流量,同时准备并接好尾气分析吸收盒,空气、氨、水三者的流量维持稳定,就打开尾气采集管上的阀门,观察吸收盒中指示剂颜色的变化,当指示剂颜色变为黄色时,关闭尾气采集管上的阀门,记录相关的所有数据,即完成了一组数据的测定。

按页面下方的提示改变空气的流量:点击空气转子流量计下的旁路阀,用鼠标左键拖动弹出的滑动条至另一数值,页面下方的提示栏中依次出现"等待空气、氨、水三者的流量达到稳定"和"分析尾气"的说明,页面的右边又跳出一只里面管子呈红色的吸收盒。重复上面"分析尾气、记录数据"的操作,重复5次(记录了5组数据)后,页面下方的提示栏中依次出现"关闭氨瓶上的阀门,关闭稳压罐上的阀门,关闭转子流量计上的阀门,旁路阀打开至最大开度,关闭进水阀,切断气泵电源"的说明和"实验结束,进入数据处理"的提示。

5. 实验数据处理

点击界面左上方"数据处理"按钮,页面上便弹出实验数据处理窗,如图 4-34 所示。表格中的实验数据由系统自动产生,根据表中的实验数据自己可以计算相关数据填入表中,也可以点击"自动计算"按钮,系统自动计算出结果并填入表中。

吸收系数的测定

装置　　　　　　　　No.1
填料层高度　　　　　0.62 m
亨利系数方程斜率A= 2796.57
日期　　　　　　2005.3.9
塔径　　　　　　　0.1 m
亨利系数方程截距B= 22899.45
$T>20℃$：A=4782.54，B=−16819.95
$10℃<T<20℃$：A=2796.57，B=22899.45
$0℃<T<10℃$：A=2117.69，B=29688.225

自动计算

进塔空气	流　量	m³/h	14	16	18	20	22
	压　强	cmH₂O	31.8	36.5	38.5	42.2	48.5
	温　度	℃	25	26	26	26	26
	体积流量	m³/h					
	摩尔流量	kmol/h					
喷淋水	流　量	L/h	95	95	95	95	95
	入塔温度	℃	15	15	15	15	15
	出塔温度	℃	15.8	15.8	15.8	15.8	15.8
塔压强	塔顶表压	cmH₂O	9.4	12.2	14.9	17.6	21.9
	填料层压差	cmH₂O	1.9	2.5	3.1	3.9	5.1
进塔氨气	流　量	m³/h	0.4	0.4	0.4	0.4	0.4
	压　强	cmHg	1.5	1.7	2	2.3	2.5
	温　度	℃	13	13	13	13	13
	体积流量	m³/h					
	比摩尔浓度Y_1						
出塔尾气	尾气体积	L	1.28	1.06	0.95	0.83	0.76
	尾气温度	℃	13	13	13	13	13
	硫酸浓度	M	0.025	0.025	0.025	0.025	0.025
	硫酸体积	mL	1	1	1	1	1
	V_w''	L					
	V_w'	mL					
	尾气浓度Y_2						
吸收负荷	Ga	kmol/h					
填料体积	V_p	m³					
亨利系数	E	Pa					
相平衡常数	m						
溶剂流量	L	kmol/h					
进塔溶剂浓度	X_2						
出塔溶剂浓度	X_1						
	ΔY_1						
	ΔY_2						
平均推动力	ΔY_m						
吸收系数	K_ya	kmol/(m³·s)					
传质单元高度	$H_∞$	m					

图4-34　吸收系数的测定实验数据处理

仿真实验7　干燥速率曲线的测定

点击"化工原理实验模拟"栏下的"干燥速率曲线的测定"，即进入干燥速率曲线测定的仿真实验，如图4-35所示。页面中间部分是一台天平，右边是一块干燥实验用的物料，点击物料，物料自动进入天平进行称重，然后在随后出现的画面中再点击物料，物料便会自动进入水槽浸泡，页面展示如图4-36所示的干燥仿真实验装置。

一、仿真实验装置

仿真实验装置与实际实验装置相仿。页面右下方蓝色的是风机，风机将空气输入干燥系统。风机左边的管道上安装了一只温度计，用于测定空气的预热前温度t_0。温度计左边的管道上安装了孔板流量计，孔板两侧的测压口连接管穿过后面的板连接到仪表箱上的压差测量仪表上，根据测得的压差可以算出管道中空气的流量。孔板流量计左侧的垂直管道外安装了电加热器，用来加

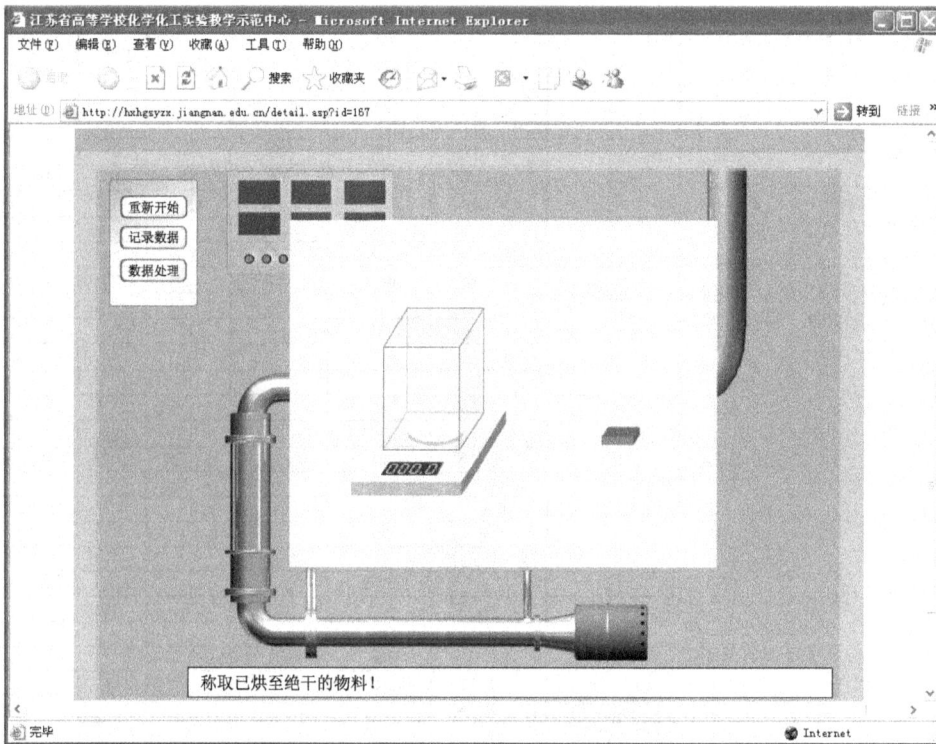

图4-35 干燥速率曲线测定仿真实验界面

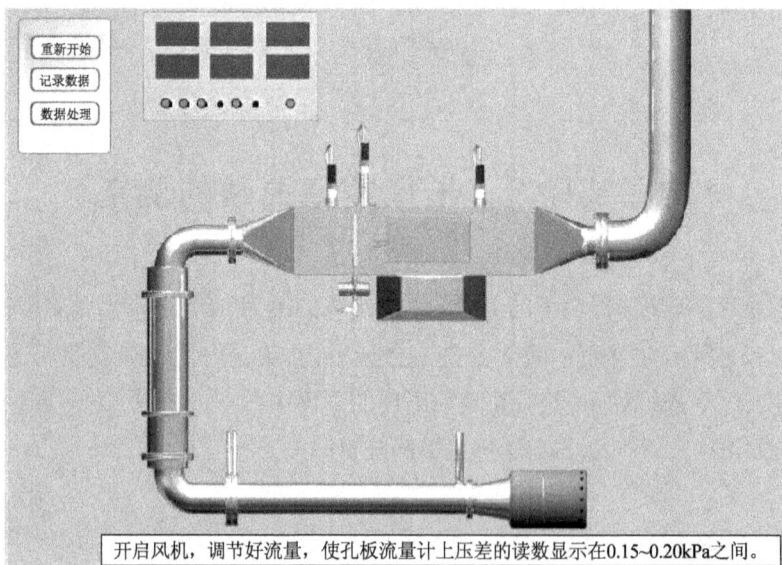

图4-36 干燥速率曲线测定仿真实验装置

热空气。加热器出口的水平风道上从左向右安装了三个测温热电阻,依次分别测定空气进入干燥器的干球温度t_1、湿球温度t_w和空气出干燥器的温度(尾气温度)t_2。方形风道的中央有一扇小门,小门的背后的风道中有一个支架,用于放置被干燥物料,支架安在下面的电子天平上,电子天平的输出信号线连接到仪表箱上的重量显示仪表上,实验进行过程中,从重量显示仪表可读出被干燥物料的实时重量。空气从方形风道中流出后由排空管排出。

页面上方的仪表箱上有六个显示仪表,上面三个仪表从左向右依次分别显示干球温度、湿球温度和干燥时间,下面三个仪表依次分别显示被干燥物料的重量、尾气温度和孔板流量计两侧的压差。仪表下面的按钮从左向右第一个是总电源开关,第二个是加热器电源开关,第三个是风机电源开关,第五个是流量调节按钮。把鼠标移到某个仪表或按钮上,会跳出相应的提示,如图4-37所示。

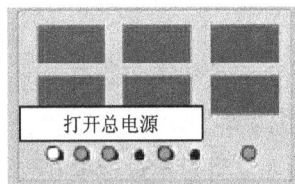

图4-37 仪表电源箱

二、仿真实验步骤

1. 绝干物料称重、浸泡

进入如图4-35所示干燥速率曲线测定仿真实验界面后,点击物料,物料自动进入天平称取干重,然后在随后出现的画面中再点击物料,物料便会自动进入水槽浸泡。在实际的实验操作中,物料预先由实验室烘干。实验开始时,称取物料的干重后,还应量取物料的长、宽、厚,用于计算干燥面积,然后放在水中浸泡。

2. 开启风机

用鼠标左键点击仪表箱上从左向右第一个按钮打开总电源,再点击第三个按钮打开风机电源,然后再点击第五个按钮(流量调节按钮),用鼠标左键拖动弹出的滑动条,按照页面下方的提示"使孔板流量计上压差的读数显示在0.15~0.2kPa之间",使滑动条上方的数值在0.15~0.20之间。在实际的实验操作中,风机的流量已经预先调好。

3. 打开预热器电源、湿球温度计水槽加水

用鼠标左键点击仪表箱上从左向右第二个按钮打开电加热器(预热器)电源。页面跳出一只蓝色的洗瓶,页面下方提示"在湿球温度计上加入适量的水到指定刻度",用鼠标左键点击洗瓶,洗瓶自动移到加水口加水,页面下方的提示栏中依次出现"观察干燥器内的温度情况,只有温度恒定之后,才能进行实验"的说明和"打开干燥箱的门"的提示。

4. 放入物料、记录数据

按页面下方"打开干燥箱的门"的提示,用鼠标左键点击干燥箱的门,干燥箱的门自动打开,页面上出现一块物料。页面下方提示栏提示"将物料移至干燥室内的托盘上",用鼠标左键点击物料,物料自动移至干燥室内的支架上,页面下方提示"迅速关闭干燥箱的门,否则实验失败",点击干燥箱的门,干燥箱的门自动关闭,页面下方提示"迅速点击记录数据,启动计时仪上的开关,否则实验失败",点击页面左上方的"记录数据"按钮,系统内部自动产生并记录物料每失重1g时物料的重量与相对应的干燥时间,过一会儿,页面下方提示栏即显示"干燥实验可以结束,关闭电加热器"。

在实际的实验操作中,干燥器内的温度稳定后,即从水中取出湿物料,放入干燥室内的支架上,立即关闭干燥箱的门,并同时按下干燥时间仪表的计时开关、同时记下湿物料的初始重量,

并且在湿物料每失重1g时,记录相对应的干燥时间,直到干燥室内湿物料的重量接近之前称得的干重时,实验即可结束。

5. 实验数据处理

按照页面下方的提示,点击加热器电源按钮关闭电加热器,点击风机电源按钮关闭风机,点击总电源按钮关闭总电源。页面下方提示"实验结束,请进入数据处理"。点击页面左上方的"数据处理"按钮,页面上便出现实验数据处理界面,如图4－38所示。根据表中的数据,自己可以手工计算干燥速率、画出干燥速率曲线。也可以点击页面上"看图形"按钮,系统自动计算干燥速率并作出干燥速率曲线图,如图4－39所示。

物料表面积 = 0.0134m²　　　　室温 = 28℃
绝干物料重 = 80g　　　　　　　湿物料重 = 101g
干球温度 = 75℃　　　　　　　　湿球温度 = 40℃
试验中动态结果 = 0.22kPa　　　　　　　　　　[看图形]

次数	时间/min	湿物料重/g
1	205	100
2	350	99
3	485	98
4	615	97
5	735	96
6	855	95
7	975	94
8	1097	93
9	1220	92
10	1342	91

图4－38　实验数据处理

干燥速率曲线

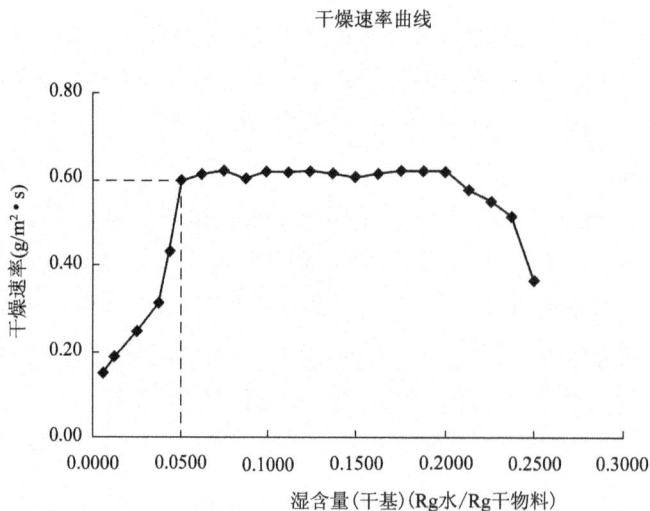

图4－39　干燥速率曲线

仿真实验 8　液—液萃取

点击"化工原理实验模拟"栏下的"液—液萃取",即进入液—液萃取仿真实验,如图 4-40 所示。

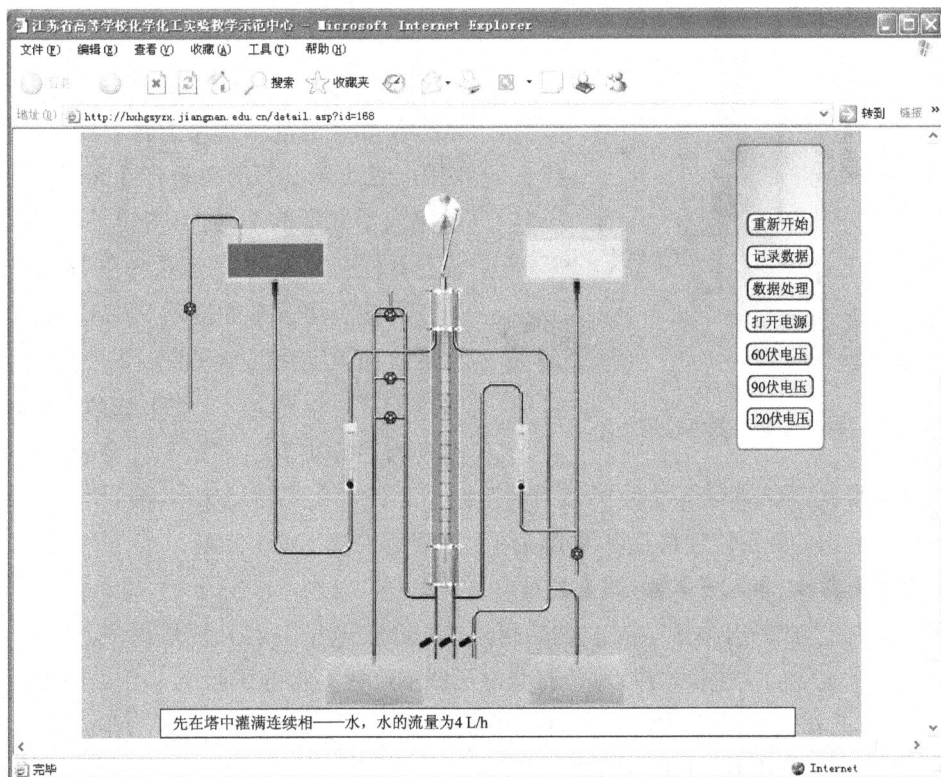

图 4-40　液—液萃取仿真实验界面

一、仿真实验装置

仿真实验所示的实验设备和流程与实际实验设备和流程相仿,页面左上方是萃取剂(水)高位槽,高位槽下方的出口管道上安装了转子流量计,萃取剂(水)从转子流量计流出后从往复振动筛板的振动萃取段的顶部流入萃取塔。页面右上方是原料液高位槽,原料液是用煤油和苯甲酸配成的饱和溶液。高位槽下方的出口管道上有一个三通,三通垂直出口的管道上安装了阀门,阀门出口是原料液取样口,三通水平出口的管道上安装了转子流量计,原料液从转子流量计流出后从往复振动筛板的振动萃取段的底部分散成液滴进入萃取塔。工作中的振动萃取塔如图 4-41 所示,塔上方的偏心轮连杆装置带动中心轴及轴上的筛板以一定的频率和振幅做上下往复运动,使两相高度湍动。原料液(煤油相)在底部以液滴进入萃取塔向上浮时被上下振动的筛板高度分散,萃取剂(水)从顶部进入萃取塔向下流动时把苯甲酸从煤油中萃取出来。塔

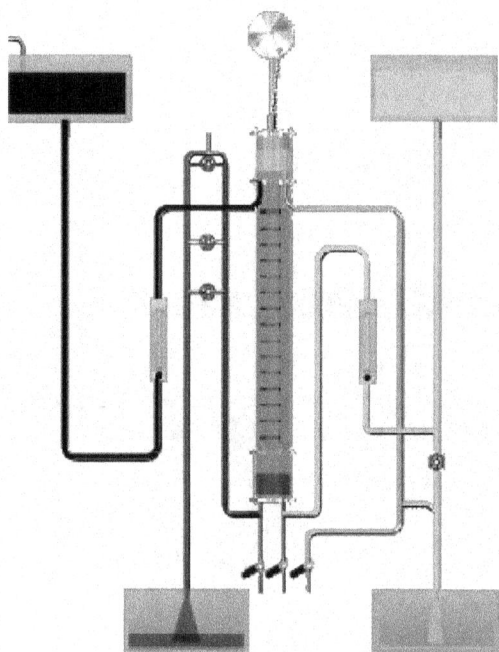

图4-41 工作中的振动萃取塔

的顶部和底部各有一段澄清分离段，萃余相（煤油相）在塔顶澄清后从塔顶出料管溢出流入萃余相储槽，萃取相（水相）在塔底澄清后经液封管道流出，液封管道上在不同高度安装了三个阀门，用于调节塔内液位高度。

二、仿真实验步骤

1. 萃取塔中加入水

按照页面下方的提示向萃取塔中加水：用鼠标左键点击进水管道上转子流量计下面的阀门，拖动弹出的滑动条打开阀门，便会展示水流入萃取塔的动画，点击转子流量计，转子流量计便会放大，水的流量约在4L/h。

再按页面下方的提示"调节液封装置，使水的液面恒定在沉降室的1/2处"：用鼠标左键点击液封管道上从上往下数第一个阀门，拖动弹出的滑动条打开阀门，便会展示水从液封管道流出的动画，塔顶部澄清段内水的液面降至约1/2处。在实际操作中，液封管道上的阀门应仔细地调至适当的开度以使塔顶部澄清段内水的液面维持在约1/2处。

2. 启动往复筛板、加入原料液、测定数据

点击页面右上方"打开电源"按钮，然后再点击"60伏电压"按钮，使塔内中心轴带动筛板做往复运动。在实际的实验操作中，则是打开电压调节旋钮并将电压调至60V。按照页面下方的提示"开启分散相"：用鼠标左键点击原料液管道上转子流量计下面的阀门，拖动弹出的滑动条打开阀门，便会展示原料液流入萃取塔、萃取进行的动画，点击转子流量计，转子流量计便会放大，原料液的流量也约在4L/h。页面下方出现"当沉降室中的分散相从溢流管中流出，并且水和分散相的界面恒定不变"、"取原料液、萃余相、分析其组成"的说明，页面右下方出现两只锥形瓶。用鼠标左键点击锥形瓶，两只锥形瓶便分别自动移到萃余相取样口和原料液取样口取样，页面上出现原料液浓度、萃余相浓度和萃取相浓度的数据。在实际的实验操作中，采用酸碱滴定的方法分析原料液浓度和萃余相浓度，萃取相浓度则是通过全塔物料衡算得到的。点击页面右上方"记录数据"按钮，系统便自动记录了数据。按照页面下方提示"维持水和分散相的流量不变，调节直流调速电压90伏"：点击页面右上方"90伏电压"按钮，系统便重复上述操作过程。然后在"120伏电压"下再进行一次操作，页面下方便提示"实验结束，关闭电源"。

3. 实验数据处理

点击页面右上方"关闭电源"按钮，再按照页面下方的提示，依次关闭分散相阀门、进水阀门和液位调节阀门，然后点击页面右上方"数据处理"按钮，页面上便出现实验数据处理界面，如图4-42所示。根据表中的数据，自己可以手工计算相关数据填入表中，也可以点击"自动计

算"按钮,系统自动计算出结果并填入表中。

液—液萃取

实验装置	No.2	实验时间	2005.4
实验物料	水、煤油、苯甲酸	分析用NaOH浓度	0.1 mol/L
塔高	0.92 m	物料分配系数	2.26
煤油密度	800 kg/m³	苯甲酸相对分子质量	122

实验次数	1	2	3
外加电压U/V	60	90	120
水流量S/(L/h)	4	4	4
料液流量F/(L/h)	4	4	4
料液实际流量F/(L/h)			
萃余相, 料液样品/mL	25	25	25
滴定料液用NaOH量/mL	25.8	25.8	25.8
滴定萃余相用NaOH量/mL	14.93	10.8	6.5
料液浓度X_F			
萃余相浓度X_R			
萃取相浓度Y			
对数平均推动力ΔX_m			
传质单元数N_{OR}			
传质单元高度X_{OR}			
萃取效率η			

自动计算

图 4-42 液—液萃取实验数据处理

仿真实验9 蒸发器传热系数的测定

点击"化工原理实验模拟"栏下的"蒸发器传热系数的测定",即进入蒸发器传热系数测定的仿真实验,如图 4-43 所示。

一、仿真实验装置

仿真实验所示的系统与实际实验装置相仿,界面右上方是料液槽,用于盛放和预热料液,本实验是测定蒸发器的传热系数,所以使用的料液是水,在料液槽内被预热到接近沸点的温度,借重力流入界面中央的降膜式蒸发器。料液槽到降膜式蒸发器的管道上黄色的圆形物是一针形阀,用于调节流量。针形阀旁边是热水表,用于测定料液流量。界面左下方是用电加热的蒸汽发生器,产生的蒸汽进入蒸发器的壳程用于加热物料。蒸汽发生器的出口安装了一针形阀,用于控制加热蒸汽的压力。蒸汽发生器连接到降膜式蒸发器的管道上安装了压力表,用鼠标点击压力表会放大,以便于观察,根据压力表上的读数即可查得加热蒸汽的温度。降膜式蒸发器是一种单程型蒸发器,被蒸发溶液在上方进入,由成膜装置分配成膜,沿管壁流下,同时被加热蒸发,至下端完成液和二次蒸汽一起排出到气液分离器。降膜式蒸发器上端的剖面如图 4-44 所示,蓝色的表示加热蒸汽,在蒸发器的壳程进行加热,绿色的表示预热后的料液,内管的上端口

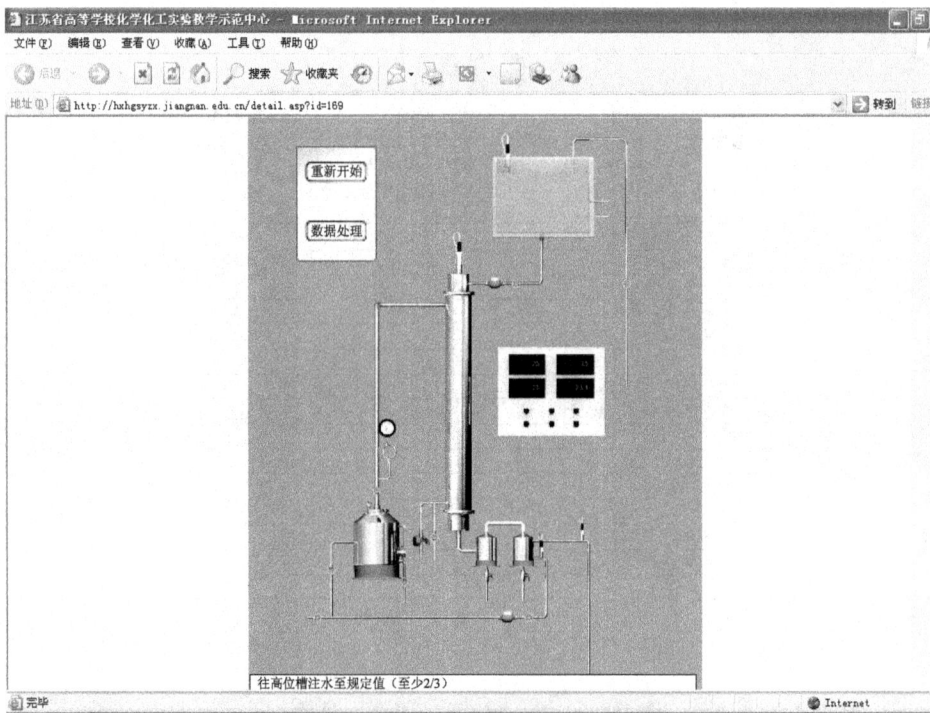

图4-43　蒸发器传热系数的测定仿真实验界面

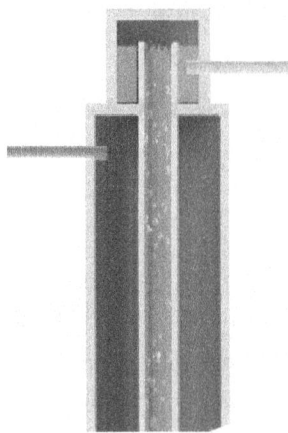

图4-44　降膜式蒸发器上端剖面

有锯齿状的成膜装置,料液由成膜装置分配成膜,沿管壁流下,同时被加热蒸发。该图在仿真实验进行到打开料液针形阀和蒸汽针形阀时,会自动跳出,以动画的形式展示成膜蒸发过程。降膜式蒸发器下端壳程上的水平排出管是排放壳程蒸汽冷凝液的。蒸发器的右下方是汽液分离器,汽液分离器的右边是冷凝器。蒸发器管程排出的完成液和二次蒸汽混合物先在分离器内分离,完成液在分离器底部排出管排出,二次蒸汽从分离器顶部管子进入冷凝器冷凝,冷凝器底部管子排出二次蒸汽冷凝液,二次蒸汽冷凝液的流量用量筒测定。界面中间的电源箱上有四只温度指示仪表,上面两只分别指示料液槽内料液预热温度和蒸发器上端料液进口温度,下面两只分别指示冷凝器的冷却水进口温度和出口温度。把鼠标移到温度指示仪表上或有关的电源开关按钮上会弹出相应的指示说明。

二、仿真实验步骤

1. 料液槽加料并预热

点击左上方料液槽进料管上的阀门,拖动弹出的滑动条打开阀门,料液便进入料液槽,如图 4-45 所示。在实际的实验装置上，料液必须加至料液槽的 2/3 以上，以免电加热器露出液面加热时被烧坏。点击电源箱上下面一排中间的按钮打开料液槽电加热器预热料液，这时把鼠标移到料液预热温度指示仪表上会观察到料液温度不断上升，升到 99℃ 后维持不变。

2. 蒸汽发生器加水、启动蒸汽发生器

界面最下面的一根水平管道是进水管，左边黄色的阀门是总水阀，点击总水阀，拖动弹出的滑动条打开总水阀，然后用同样的方法打开蒸汽发生器进水管道上的进水阀，向蒸汽发生器注水。蒸汽发生器注满水后，按界面左下角的提示关闭蒸汽发生器的进水阀。点击电源箱下面一排最右面的按钮启动蒸汽发生器。

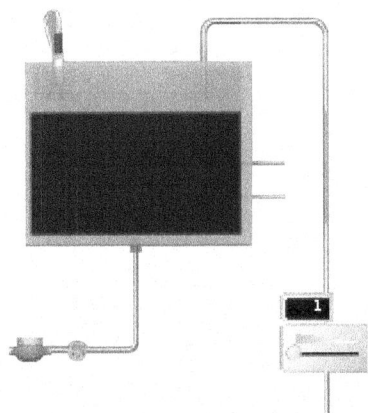

图 4-45 料液槽加料

3. 蒸发器进料液、通入加热蒸汽

点击料液槽连接蒸发器管道上的针形阀，拖动弹出的滑动条打开阀门，这时仿真系统设定的进料流量是 3L/min，实际的实验过程中，此时需用秒表计时、观察热水表转速，用针形阀调节流量使之达到设定值。点击蒸汽发生器出口管道上的阀门，拖动弹出的滑动条打开阀门，给蒸发器通入加热蒸汽，系统设定的加热蒸汽的表压是 0.1MPa。这时，界面上会弹出降膜式蒸发器上端的剖面图，以动画的形式展示成膜蒸发过程。

4. 冷凝器通入冷却水、测定二次蒸汽冷凝水流量

点击冷凝器进口管道上的阀门，拖动弹出的滑动条打开阀门，给冷凝器通入冷却水，这时系统弹出一只秒表和一只量筒，自动测定二次蒸汽冷凝水流量，如图 4-46 所示。在实际的实验过程中，需待整个体系稳定后再用秒表和量筒测定二次蒸汽冷凝水流量。二次蒸汽冷凝水流量测好后，点击电源箱下面一排最右面的按钮关闭蒸汽发生器电加热器，点击电源箱上下面一排中间的按钮关闭料液槽电加热器，关闭所有阀门，就可以进行实验数据的处理。

5. 实验数据处理

点击界面左上角"数据处理"按钮，界面上便出现实验数据处理界面，如图 4-47 所示。根据表中的数据，自己可以计算蒸发器的传热量和传热系数并填入表中。也可以点击"自动计算"按钮，系统自动计算有关数据以后自动填入表中。

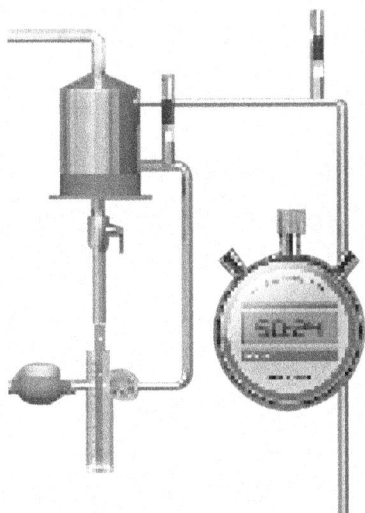

图 4-46 测定二次蒸汽冷凝水流量

管径：0.015m　　　　　　　　　　　　传热面积：0.0942m²

管长：2m

水箱	进水	蒸汽	冷水进口	冷水出口	冷却水		
温度/℃	温度/℃	压强/MPa	温度/℃	温度/℃	体积/L	时间/s	流量/(L/s)
99.4	98	0.1	23.1	38	1	11.61	

冷凝液			料　液			传热量	传热系数
体积/mL	时间/s	流量/(L/s)	体积/L	时间/s	流量/(L/s)	kW	W/(m²·℃)
132.6	60		3	61.58			

图 4-47　实验数据处理

☞ **思考题**

1. 直管流动阻力与局部阻力测定的仿真实验中，由于程序的设定，每次进行仿真实验时都必须进行排气后才能进入下面的操作，在实际的实验操作中，是否必须每次都进行排气操作？如果 U 形压差计两侧管子中有气泡，进行排气时应注意什么问题？操作不当会产生怎样的后果？

2. 在离心泵特性曲线测定的仿真实验中，每次启动离心泵都必须进行灌泵，灌泵后关闭排气阀和进水阀程序才能进行下去，在实际的实验操作中，是否每次都必须进行灌泵？灌泵后排气阀和进水阀没有关紧就启动泵，会发生什么情况？

3. 板框压滤机过滤常数测定的仿真实验中，启动螺杆泵前必须先打开旁路阀门仿真实验才能进行下去，在实际的实验操作中，如果不打开旁路阀门就启动螺杆泵，会产生怎样严重的问题？

4. 在换热器对流传热系数测定的仿真实验和填料吸收塔吸收系数测定的仿真实验中，启动气泵前系统都提示要先全开旁路阀，否则气泵就无法启动。在实际的实验操作中，如果旁路阀不打开就启动气泵，会发生什么问题？

5. 在精馏塔的操作与板效率测定的仿真实验中，向塔釜加料时，页面出现料液流入塔釜的动画，塔釜左侧的液位计显示出塔釜内原料液液位高度在 2/3 处。在实际的实验装置上，塔釜左侧的液位计上有一条最低液位的警示线，为什么对塔釜内原料液液位高度有这一最低限度的要求？

第五章 单元操作实验

实验1 直管流动阻力与局部阻力的测定

一、实验目的
(1)掌握测定管路流动摩擦系数和阻力系数的实验方法。
(2)测定流体流过直管时的摩擦阻力,求摩擦系数 λ,并标绘 λ—Re 曲线。
(3)测定流体流过管件时的局部阻力,求出阻力系数 ξ。
(4)熟悉压差计和流量计的使用方法。

二、实验原理
流体在管路中流动时,由于黏性力和涡流的存在,产生流动阻力,消耗一定的机械能。流动阻力可分为直管阻力和局部阻力两种,流体在直管中流动的机械能损失称为直管阻力;流体通过阀门、管件等部件时,因流动方向或流动截面的突然改变导致的机械能损失称为局部阻力。在化工过程设计时,流体流动阻力的测定或计算,对于确定流体输送所需推动力的大小,选择适当的输送条件都有不可或缺的作用。

1. 直管阻力系数的测定

流体在水平等截面直管内作稳定流动时,在截面1流动到截面2的阻力损失表现为压强的降低,即:

$$\frac{\Delta p_{\mathrm{f}}}{\rho} = \frac{p_1 - p_2}{\rho} = h_{\mathrm{f}} \qquad (5-1)$$

由于影响阻力损失的因素众多,目前尚不能完全用理论方法来解决流体阻力的计算问题,必须通过实验研究掌握其规律。为减少实验工作量,简化实验工作难度,并使实验结果具有普遍应用意义,可采用量纲分析方法来规划实验。

将影响流体阻力的因素按以下三个方面列出变量:
(1)流体性质:密度 ρ,黏度 μ。
(2)管路几何尺寸:管径 d,管长 l,管壁粗糙度 ε。
(3)流动条件:流速 u。

阻力损失 h_{f} 与诸多变量之间的关系为 $h_{\mathrm{f}} = f(d,l,\mu,\rho,u,\varepsilon)$,根据量纲分析方法(详见本书第一章第二节),最终可得到流体流动的阻力损失的计算公式:

$$h_f = \frac{\Delta p_f}{\rho} = \lambda \frac{l}{d} \frac{u^2}{2} \qquad (5-2)$$

式中:摩擦系数 λ 是 Re 和管壁相对粗糙度 $\frac{\varepsilon}{d}$ 的函数, $\lambda = \phi'(Re, \frac{\varepsilon}{d})$ 。

直管两端的压差可由两端与测压孔连接的压差计测出,密度 ρ 和黏度 μ 由液体的温度查取,流量 q_v 由转子流量计测得,速度 u 则由流量计算:

$$u = \frac{q_v}{\frac{\pi d^2}{4}} \qquad (5-3)$$

式中: d ——管径,m;

$\quad q_v$ ——流体的流量,m³/s。

实验在管壁粗糙度、管长、管径一定的情况下,以水为物系,由调节阀控制水的流量。测定不同流速下的压降,分别计算 Re 和 λ ,作出 λ — Re 的曲线图。

2. 局部阻力系数的测定

流体局部阻力通常用当量长度法或局部阻力系数法来表示。

(1)当量长度法:若流体通过管件或阀门的局部阻力损失与流体流过一定长度的相同管径的直管阻力相当,则称这一直管长度为管件或阀门的当量长度,用符号 l_e 表示。因此可以用直管阻力的公式来计算局部阻力损失。在管路计算时,可将管路中的直管长度与管件阀门的当量长度合并在一起计算,如管路系统中直管长度为 l ,各种局部阻力的当量长度之和为 $\sum l_{e,i}$,则流体在管路中流动的总阻力损失为:

$$\sum h_f = \lambda \frac{l + \sum l_{e,i}}{d} \frac{u^2}{2} \qquad (5-4)$$

(2)局部阻力系数法:流体通过管件或阀门的阻力损失用流体在管路中的动能乘以某个系数来表示,这种计算局部阻力的方法,称为阻力系数法,即:

$$h_f' = \frac{\Delta p_f}{\rho} = \xi \frac{u^2}{2} \qquad (5-5)$$

若已知 $\Delta p_f, u, \rho$,即可算出 ξ 值。

三、实验装置

本装置由平行的三根水平管路组成,其中两根用于测直管阻力,一根测阀门局部阻力。在两根直管中,一根用于测湍流区的直管阻力,另一根用于测层流区的直管阻力。整套实验装置如图 5 – 1 所示。

四、实验方法

1. 操作步骤

(1)熟悉实验设备、测试仪表及水循环系统。

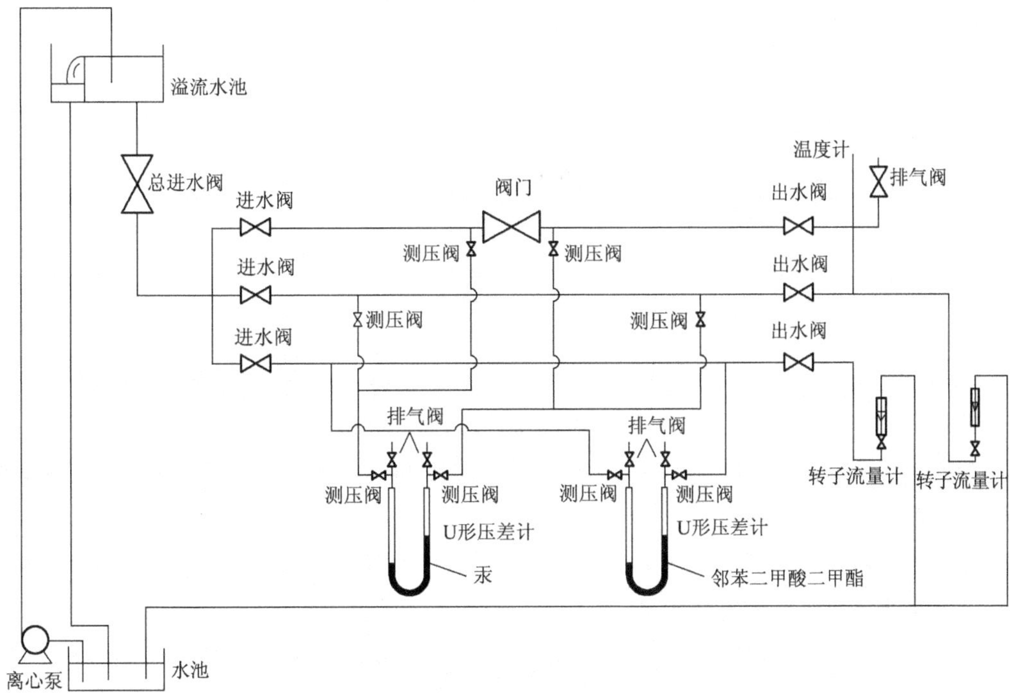

图 5-1　管路阻力测定实验流程图

(2)检查实验设备,各部分是否都处在正常工作状态。

(3)按规定启动水泵,待高位槽溢流后向实验系统供水。

(4)选择所要测定的管路,打开该管路两端阀门,打开转子流量计下方阀门,检查水流是否正常。

(5)水流正常后,关闭转子流量计阀门,再打开管路上连接的测压阀,检查连接管路中是否有气泡存在。若 U 形压差计管内液柱高度差为零,表明管路中无气泡存在;若不为零,则表明管路中有气泡存在,需要进行排气操作。排气时一定要小心操作,注意不要将指示剂冲走。

(6)调节流量计上的阀门调节流量,对所做的实验项目逐一进行测试。

(7)实验结束,截断供水,关闭所有管道阀门及测压管旋塞。

2. 注意事项

(1)在测试过程中,始终保持测试一根管子的 λ 或 ξ,其余管子两端阀门必须关闭,以确保流量测试的准确性。

(2)高位槽必须保持溢流,以确保水位恒定。

(3)用转子流量计上的阀门调节管路中流量,每次改变流量后,必须待流动稳定后,才能记录数据。

(4)注意 U 形压差计上各旋塞的作用,在测量前应使 U 形压差计指示液面在同一水平面上。

（5）U形压差计中如有气泡需要排气时,要特别注意其中的指示液不要被水冲走,应在教师的指导下进行。

五、数据处理要求

（1）列表计算直管摩擦阻力系数 λ,用坐标纸标绘 λ—Re 曲线。

（2）计算流过管件时的局部阻力系数 ξ,写出计算式。

（3）原始记录数据由指导教师签名方可结束实验。

☞ 思考题

1. 进行实验时,为什么必须使水塔保持溢流状态?

2. 如果连接管路中存在气泡,在测量前为什么要分别将管路中和U形压差计中的空气都排尽? 排气时应注意什么问题?

3. 怎样才能使所测的实验点均匀分布?

4. 若将水平直管倾斜一定的角度,其直管阻力损失关系是否变化?

实验数据记录表

装置号＿＿＿＿＿＿＿　　　　日期＿＿＿＿＿＿＿

大气压＿＿＿＿＿＿＿ kPa　　水温＿＿＿＿＿＿＿ ℃

1. 层流摩擦系数

直管材质＿＿＿＿＿＿＿　　直管内径＿＿＿＿＿＿＿ m　　直管长度＿＿＿＿＿＿＿ m

指示剂密度＿＿＿＿＿＿＿ kg/m³

参数 ＼ 次数	1	2	3	4	5	6	7	8
压差计读数 R/mm								
流量 q_v/（L/h）								

2. 湍流摩擦系数

直管材质＿＿＿＿＿＿＿　　直管内径＿＿＿＿＿＿＿ m　　直管长度＿＿＿＿＿＿＿ m

指示剂密度＿＿＿＿＿＿＿ kg/m³

参数 ＼ 次数	1	2	3	4	5	6	7	8
压差计读数 R/mm								
流量 q_v/（L/min）								

3. 阀门阻力系数

种类＿＿＿＿＿＿＿　　　　直径＿＿＿＿＿＿＿ m

参数 ＼ 次数	1	2	3	4
压差计读数 R/mm				
流量 $q_v/(\text{L/min})$				

实验 2　离心泵特性曲线的测定

一、实验目的

（1）了解离心泵的构造特点，熟悉并掌握离心泵的工作原理和操作方法。

（2）掌握离心泵在一定转速下的特性曲线的测定方法。

二、实验原理

在生产上，要选用一台既满足生产任务，又经济合理的离心泵，须根据生产要求、被输送的流体性质和操作条件下的压头、流量参照泵的性能来选定。泵的性能参数及相互之间的关系是选泵和进行流量调节的依据。离心泵的主要性能参数有流量、压头、效率、轴功率等。它们之间的关系常用特性曲线来表示，即扬程和流量特性曲线（$H—q_v$ 曲线），轴功率和流量特性曲线（$N—q_v$ 曲线），效率和流量特性曲线（$\eta—q_v$ 曲线）。实际上，由于泵叶轮的叶片数目是有限的，且输送的是黏性流体，因而必然引起流体在叶轮内的泄漏和能量损失，致使泵的实际压头和流量小于理论值。这些机械能损失在理论上难以计算，因此离心泵的特性曲线通常在一定条件下由实验测定。

在离心泵进出口管道装设真空表和压力表的两截面间列柏努利方程式可得：

$$z_1 + \frac{p_1}{\rho g} + \frac{u_1^2}{2g} + H = z_2 + \frac{p_2}{\rho g} + \frac{u_2^2}{2g} + H_f \qquad (5-6)$$

1. 离心泵特性曲线的测定方法

（1）流量 q_v。流量仪表直接显示流量。

（2）扬程 H。由式（5-6）得：

$$H = z_2 - z_1 + \frac{p_2 - p_1}{\rho g} + \frac{u_2^2 - u_1^2}{2g} + H_f \qquad (5-7)$$

令：$H_0 = z_2 - z_1$，$H_1 = \dfrac{p_2 - p_1}{\rho g}$，$\dfrac{p_2}{\rho g} = \dfrac{p_a + p_表}{\rho g} + h$，$\dfrac{p_1}{\rho g} = \dfrac{p_a - p_真}{\rho g}$，$H_2 = \dfrac{u_2^2 - u_1^2}{2g}$。由于两截面间的距离很短，阻力忽略不计，即 $H_f \approx 0$，所以：

$$H = H_0 + H_1 + H_2$$

式中:H——扬程,m;

ρ_1——截面 1 处的绝压,Pa;

p_2——截面 2 处的绝压,Pa;

p_a——大气压强,Pa;

$p_表$——压强表的读数,Pa;

$p_真$——真空表的读数,Pa;

h——压力表至测压口距离,m;

H_0——压力表与真空表测压口之间的垂直距离,m;

u_1——吸入管内水的流速,m/s;

u_2——排出管内水的流速,m/s;

g——重力加速度,9.81m/s²。

(3)轴功率 N(即离心泵输入功率)和离心泵效率 η。

$$N = N_电 \times \eta_{电动机} \times \eta_{传动} \tag{5-8}$$

$$\eta = \frac{N_e}{N} \times 100\% = \frac{q_v H \rho g}{N} \times 100\% \tag{5-9}$$

式中:$N_电$——电动机的输入功率,W;

$\eta_{电动机}$——电动机的效率;

$\eta_{传动}$——电动机和离心泵之间的传动效率;

N_e——泵的有效功率,W;

ρ——被输送流体的密度,kg/m³。

2. 离心泵特性曲线的特点

各种型号的离心泵都有其本身独有的特性曲线,且不受管路特性的影响。但它们都具有一些共同的规律:

(1)离心泵的压头一般随流量加大而下降(在流量极小时可能有例外),这一点和离心泵的基本方程式相吻合。

(2)离心泵的轴功率在流量为零时最小,随流量的增大而上升。故在启动离心泵时,应关闭泵出口阀门,以减小启动电流,保护电动机。停泵时先关闭出口阀门主要是为了防止高压液体倒流损坏叶轮。

(3)额定流量下泵的效率最高,该最高效率点为泵的设计点,对应的值为最佳工况参数,离心泵铭牌上标出的性能参数即是最高效率点对应的参数。离心泵一般不大可能恰好在设计点运行,但应尽可能在高效区工作。

本实验以自来水为实验物料,在离心泵转速一定的情况下,测定不同流量下离心泵进、出口的压强和电动机功率,从而计算出相应的扬程、功率和效率,在实验布点时,要考虑泵的效率随流量变化的趋势。

三、实验装置

本实验采用普通离心泵进行实验,其装置如图5-2所示,离心泵用三相电动机带动,将水从水池中吸入,然后由压出管排至水池。在吸入管进口处装有底阀以便在启动前灌水,在泵的吸入口和压出口处分别装有真空表和压力表,以测量水的进出口处的压力。泵的出口管上安装了涡轮流量计,用来测量水的流量,并装有阀门,以调节流量。另有三相功率表测量电动机的输入功率。

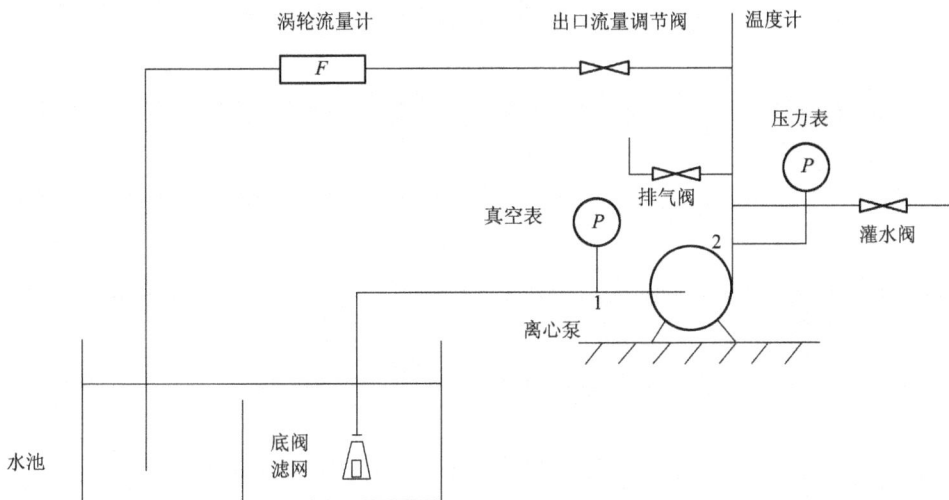

图5-2 离心泵特性曲线测定流程图

四、实验方法

(1)熟悉实验设备的流程和掌握所用仪表的使用方法。

(2)打开灌水阀向离心泵和吸入管充水直到灌满水为止。

(3)打开电源开关,调节频率至50 Hz。

(4)水泵启动后,待运转正常,逐渐开大排水阀到流量计读数最大时为止。稳定后开始读取数据,每读完一组数据后即调节阀门开度,待稳定后再读数,注意在最大流量附近多取几组数据。在流量为零时,也应读取数据,以保证性能曲线的完整性。

(5)停泵前,先关闭流量调节阀,然后按停泵按钮,并使系统仪表恢复原状。

五、数据处理要求

(1)列表汇总原始数据和计算结果,写出计算式。

(2)标绘泵的特性曲线,并指示该泵的适宜工作范围。

☞ 思考题

1. 离心泵在启动前为什么要灌泵?

2.为什么调节泵的出口阀可调节流量？这种方法有什么优缺点？是否还有其他方法调节泵的流量？

3.泵的流量范围内如何合理地布置实验点？为什么？

4.试从实验所得的数据分析,为什么离心泵启动时要关闭出口阀？

5.为什么在离心泵进口管安装底阀？

6.流量增加时,真空表及压力表的读数有何变化？为什么？

实验数据记录表

装置号 _____ 日期 _____

大气压 _____ kPa 水温 _____ ℃

离心泵的型号 _____ 泵转速 _____ r/min 电动机功率 _____ kW

吸水管内径 _____ m 排水管内径 _____ m

压力表与真空表测压点高差 _____ m 压力表至测压口的距离 _____ m

次数 \ 参数	功率表/kW	出口压力表/MPa	进口真空表/MPa	流量计/(t/h)
1				
2				
3				
4				
5				
6				
7				
8				
9				
10				
11				
12				

实验 3 板框压滤机过滤常数的测定

一、实验目的

(1)掌握板框压滤机的构造和操作方法。

(2)掌握恒压过滤过程的过滤常数 K、介质常数 q_e、滤饼特性常数 k 和压缩性指数 s 的测定方法。

（3）测定恒压过滤常数 K、q_e。

（4）测定洗涤速率与过滤终了速率的关系。

二、实验原理

过滤是工业上常用的分离固—液非均相混合物的方法。其原理是在外力作用下,使悬浮液中的液体通过多孔介质的孔道,而固体颗粒被截留在介质上形成滤饼,从而实现固—液的分离。过滤操作可以分为恒压过滤和恒速过滤,其中以恒压过滤操作最为常见。

1. 过滤常数 K、q_e 的测定

在恒压过滤操作中,单位过滤面积累积滤液量 q 与过滤时间 θ 的关系为:

$$q^2 + 2q_eq = K\theta \qquad (5-10)$$

式中:q——过滤时间为 θ 时,单位过滤面积所得滤液体积,可由累积滤液体积 V 除以过滤面积

A 得到（即 $q = \dfrac{V}{A}$ ）,m^3/m^2;

q_e——单位过滤面积所通过的当量滤液体积,m^3/m^2;

K——过滤常数,m^2/s;

θ——过滤时间,s。

其中,K 和 q_e 称为恒压过滤过程的过滤常数,通常通过实验测定,测定方法如下:

方法一:将式（5-10）两边同除以 Kq,得到:

$$\frac{\theta}{q} = \frac{q}{K} + \frac{2q_e}{K} \qquad (5-11)$$

该式表明,在恒压过滤时 $\dfrac{\theta}{q}$ 与 q 之间具有线性关系,直线的斜率为 $\dfrac{1}{K}$,截距为 $\dfrac{2q_e}{K}$ 。只要

测出不同的过滤时间 θ 时的单位过滤面积累积滤液量 q,以 $\dfrac{\theta}{q}$ 对 q 作图,可得到一条直线,如图

5-3 所示,直线的斜率为 $\dfrac{1}{K}$,截距为 $\dfrac{2q_e}{K}$,据此计算出 K 和 q_e。

方法二:将式（5-10）微分并整理得:

$$\frac{\mathrm{d}\theta}{\mathrm{d}q} = \frac{2q}{K} + \frac{2q_e}{K} \qquad (5-12)$$

以差分代替微分,得:

$$\frac{\Delta\theta}{\Delta q} = \frac{2q}{K} + \frac{2q_e}{K} \qquad (5-13)$$

该式表明,在恒压过滤时 $\dfrac{\Delta\theta}{\Delta q}$ 与 q 之间具有线性关系,直线的斜率为 $\dfrac{2}{K}$,截距为 $\dfrac{2q_e}{K}$ 。

在一定过滤面积 A 上对待测悬浮液进行恒压过滤实验,测得与一系列时刻 $\theta_i (i = 1, 2, \cdots)$ 对应的滤液量差 $\Delta V_i (i = 1, 2, \cdots)$,由此算出一系列的 Δq_i,$\Delta \theta_i$,q_i。在直角坐标系中标绘 $\frac{\Delta \theta}{\Delta q}$ —q 间的函数关系,得一直线。由直线的斜率和截距的值便可求得 K 与 q_e。

2. 滤饼特性常数 k 和压缩性指数 s 的测定

过滤常数 K 与滤饼特性常数 k 和压缩性指数 s 的关系为:

$$K = 2k\Delta p^{1-s} \tag{5-14}$$

两边取对数得:

$$\lg K = (1 - s)\lg \Delta p + \lg(2k) \tag{5-15}$$

该式表明,$\lg K$ 与 $\lg \Delta p$ 呈线性关系,直线的斜率为 $(1 - s)$,截距为 $\lg(2k)$。只要测出不同的过滤压强差下的过滤常数 K 值,以 $\lg K$ 对 $\lg \Delta p$ 作图,可得到一条直线,如图 5-4 所示,直线的斜率为 $(1 - s)$,截距为 $\lg 2k$,据此计算出 s 和 k。

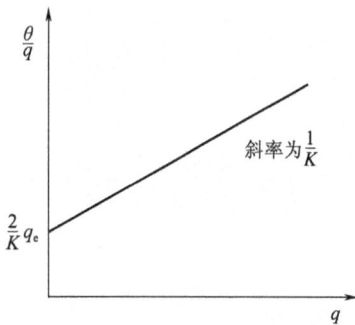

图 5-3　恒压过滤时 $\frac{\theta}{q}$ 与 q 的关系　　　图 5-4　恒压过滤常数 K 与过滤压强差 Δp 的关系

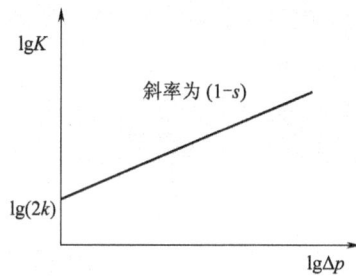

3. 洗涤速率与过滤最终速率的关系

洗涤滤饼的目的是回收滞留在颗粒缝隙间的滤液,或净化构成滤饼的颗粒。单位时间内消耗的洗水体积称为洗涤速率。在一定的压强下,洗涤速率是恒定不变的,因此测定比较容易,在水量流出正常后计量一定的时间 θ 内得到的洗水体积 V,则洗涤速率为:

$$\left(\frac{dV}{d\theta}\right)_W = \frac{V}{\theta} \tag{5-16}$$

洗涤的压强与过滤操作相同,洗涤的时间可根据需要决定,一般可以测量 2~3 次以求平均值。

过滤最终速率根据过滤基本方程确定,即:

$$\left(\frac{dV}{d\theta}\right)_E = \frac{KA^2}{2(V + V_e)} \tag{5-17}$$

式中:V——过滤终了时的累积滤液量,m^3;

V_e——虚拟滤液量,m^3,由 $V_e = q_e \cdot A$ 计算。

在实际操作中,过滤最终速率的测定比较困难,因为何时滤渣充满滤框,无法准确观察到,所以真正的过滤终点难以判断。因此为了测量比较准确,过滤操作应进行到滤液流量很小时才停止过滤。

三、实验装置

实验装置如图 5 - 5 所示,主要由储浆罐、洗水罐、螺杆泵和板框过滤机几部分组成,在储浆罐内配制一定浓度的 $CaCO_3$ 悬浮液,为防止沉淀,应启动搅拌器搅拌。螺杆泵是将滤浆送入板框压滤机进行过滤的输送装置,滤液流入量筒计量,并用秒表计时,直到滤饼充满整个滤框为止。

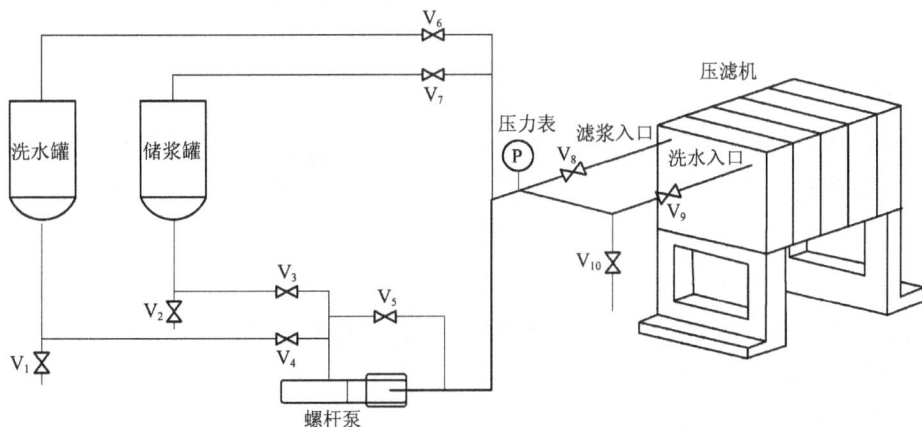

图 5 - 5 过滤常数测定装置示意图

洗涤水同样用螺杆泵从洗水罐送入板框压滤机进行洗涤,洗液也用量筒计量,并计时。

四、实验方法

1. 操作步骤

(1)原料的准备。在储浆罐中,将碳酸钙($CaCO_3$)粉末与水配制成质量百分比浓度为2.5%左右的滤浆,并启动搅拌器搅拌均匀。

(2)板框压滤机的组装。将滤布浸湿后放在滤框上,将滤布上的小孔与板框上滤浆通道的小孔对齐,将滤布表面拉平整,不起褶皱,然后将滤框与滤板、洗涤板对齐,压紧压滤机。将滤板和洗涤板下方的滤液出口阀 V_{11}、V_{12} 打开,并将准备收集滤液的量筒置于 V_{11}、V_{12} 下方。

(3)调节过滤压力。打开螺杆泵上滤浆入口阀门 V_3 以及相应的旁路调节阀 V_7 后,并检查

洗水通道上的阀门 V_6 是否处于关闭状态,开启螺杆泵,待运转正常后调节旁路调节阀 V_7,使压力表的压强略高于 0.1MPa。

(4)开始过滤。打开阀门 V_8,开始过滤,待 V_{11}、V_{12} 下方接管开始有滤液流出时,开始计时。在滤液出口处用两只量筒交替收集滤液,每收集满一量筒滤液,记录下累积过滤时间。当滤液流量异常小时,表示滤渣已充满滤框,过滤结束,将螺杆泵关闭,再关闭阀门 V_3、V_7 和 V_8。过滤期间要一直注意调节旁路调节阀 V_7,保持压力表上的压强一直维持在 0.1MPa。

(5)洗涤。打开阀门 V_4 和 V_{10},开启螺杆泵,冲洗管路。待经 V_{10} 流出管道的液体变清以后,打开阀门 V_6,关闭 V_{10},调节 V_6 使压力表上的读数维持在 0.1MPa,关闭洗涤板下方出口阀门 V_{11},打开阀门 V_9,开始进行洗涤。待水量流出正常后,用量筒收集一定体积的洗水,并记录所用的时间,以计算洗涤速率。

(6)卸渣、清洗。洗涤结束后,先关闭螺杆泵,再关闭所有的阀门。松开压滤机,取出滤饼,洗净滤布、滤框,使系统恢复原状。

2. 注意事项

(1)在本实验中,由于使用正位移泵进行悬浮液的输送,必须注意正位移泵启动时应将旁路调节阀打开以免造成装置损坏。实验前应先熟悉各阀门、板框过滤机及管路的走向,在操作过程中,千万不要把阀门的作用搞错。

(2)板框过滤机的组装过程中,滤布应先湿透,组装时,滤布孔要对准滤框孔道,表面要拉平,无皱纹,滤板、滤框、洗涤板也要对齐,否则容易漏水或堵塞。

(3)过滤压力要维持恒定。

(4)螺杆泵开启前,旁路阀门一定要打开。

五、数据处理要求

(1)绘出 $\dfrac{\theta}{q} - q$ 或 $\dfrac{\Delta\theta}{\Delta q} - q$ 图。

(2)求出 K,q_e 值。

(3)列出完整的恒压过滤方程式。

(4)计算过滤终了速率与洗涤速率的比值。

☞ 思考题

1. 过滤开始时,为什么滤液是混浊的?

2. 若操作压力增加一倍,过滤常数 K 值是否也增加一倍? 在得到同样多的滤液时,过滤时间是否会缩短一半?

3. 你的实验数据中第一点有无偏低或偏高的现象? 怎么解释?

4. 滤浆浓度对 K 值有何影响?

实验数据记录表

装置号_____　　日期_____

滤框尺寸:框长_____　　框宽_____

过滤压强_____MPa　　洗涤压强_____MPa

1.过滤数据记录表

参数 ＼ 次数	1	2	3	4	5	6	7	8	9	10	11	12
过滤时间/s												
滤液量/L												

2.洗涤数据记录表

参数 ＼ 次数	1	2	3
洗涤时间/s			
洗涤水量/L			

实验 4　换热器对流传热系数的测定

一、实验目的

(1)了解列管式换热器的结构和流体的流程,学会换热器的操作方法。

(2)掌握总传热系数 K 和空气对流传热系数 α 的测定方法。

(3)掌握空气流速对传热系数的影响,学会用线性回归法确定准数关联式 $Nu = ARe^m$ 中常数 A、m 的值。

二、实验原理

1.总传热系数的测定

列管式换热器是工业生产中广泛使用的间壁式换热设备,由壳体、管束、管板、封头、挡板等主要部件组成。冷、热流体分别流过换热器的管程和壳程,通过管束的侧面积进行热量交换而完成加热或冷却任务。衡量一个换热过程传热性能好坏的指标是换热器的总传热系数 K 值。

换热器的总传热系数值可以通过实验测定。根据传热基本方程有:

$$Q = KA\Delta t_{m} \qquad\qquad (5-18)$$

式中:Q——换热器单位时间内传递的热量,W;

A——换热器所提供的总传热面积,m^2;

Δt_m——换热器中冷热流体的对数平均传热温度差,℃;

K——总传热系数,$W/(m^2 \cdot ℃)$。

所以,只要测定了一个换热器的传热速率 Q、传热面积 A 和对数平均传热温度差 Δt_m,就可以计算出该换热器的总传热系数 K 值。而在换热器中,如果忽略热损失,传热速率在理论上应该等于热流体的放热速率,也等于冷流体的吸热速率,即:

$$Q = Q_h = Q_c \tag{5-19}$$

式中:Q_h——热流体的放热速率,W;

Q_c——冷流体的吸热速率,W。

所以,在保温良好、热损失可以忽略的换热器中,可以通过测定热流体的放热速率或冷流体的吸热速率来计算传热速率。根据热力学基本原理,对于没有相变的换热系统,热流体放热速率:

$$Q_h = W_h c_{ph} (T_1 - T_2) \tag{5-20}$$

冷流体吸热速率:

$$Q_c = W_c c_{pc} (t_2 - t_1) \tag{5-21}$$

式中:W_h——热流体的质量流量,kg/s,$W_h = V_h \rho_h$;

W_c——冷流体的质量流量,kg/s;

c_{ph}——热流体的平均恒压比热容,$kJ/(kg \cdot ℃)$;

c_{pc}——冷流体的平均恒压比热容,$kJ/(kg \cdot ℃)$;

T_1——热流体的进口温度,℃;

T_2——热流体的出口温度,℃;

t_1——冷流体的进口温度,℃;

t_2——冷流体的出口温度,℃。

在本实验中,采取空气—水间壁传热系统来测定换热器的总传热系数和空气的对流传热膜系数,由于在实验条件下水的平均恒压比热容[约 4.2 $kJ/(kg \cdot ℃)$]远远大于空气的平均恒压比热容[约 1 $kJ/(kg \cdot ℃)$],所以在相同的温度计测温精度下,空气的放热速率的计算精度要比水的吸热速率的计算精度高约 4 倍,而且在本实验中热空气走管程,几乎可以不用考虑热损失的影响,故在本实验中,选择测定空气的放热速率来作为换热器的传热速率,即:

$$Q = Q_h = W_h c_{ph} (T_1 - T_2) \tag{5-22}$$

总传热系数的计算公式为:

$$K = \frac{W_h c_{ph} (T_1 - T_2)}{A \Delta t_m} \tag{5-23}$$

因实验所使用的是单壳程、二管程的换热器,所以:

$$\Delta t_m = \varphi_{\Delta t} \Delta t_m'$$ (5-24)

式中:$\Delta t_m'$——按逆流流动形式计算的对数平均传热温差,℃;

$\varphi_{\Delta t}$——传热温差的修正系数,无量纲。

$\Delta t_m'$可由下式求得:

$$\Delta t_m' = \frac{(T_1 - t_2) - (T_2 - t_1)}{\ln \frac{T_1 - t_2}{T_2 - t_1}}$$ (5-25)

$\varphi_{\Delta t}$由 P、R 两参数根据安德伍德(Underwood)和鲍曼(Bowman)提出的图算法 $\varphi_{\Delta t} = f(P, R)$ 查取:

$$P = \frac{t_1 - t_2}{T_1 - t_1} \quad , \quad R = \frac{T_1 - T_2}{t_2 - t_1}$$ (5-26)

2. 空气对流传热膜系数的测定

对于冷热流体通过间壁的换热过程,根据传热学的原理,传热过程由热流体对壁面的对流传热、间壁的固体热传导和壁面对冷流体的对流传热三个过程组成。则总传热热阻为这三个步骤的传热热阻之和,即:

$$\frac{1}{K_o} = \frac{1}{\alpha_o} + \frac{b}{\lambda} \frac{S_o}{S_m} + \frac{S_o}{\alpha_i S_i}$$ (5-27)

当管壁热阻和壁厚可以忽略时,总热阻为冷热两种流体对流传热热阻之和:

$$\frac{1}{K_o} = \frac{1}{\alpha_o} + \frac{1}{\alpha_i}$$ (5-28)

当冷热两种流体的对流传热系数 α_o 和 α_i 相差很大时,对流传热系数较大一侧流体的热阻可以忽略,即 $\frac{1}{K_o} \approx \frac{1}{\alpha_{小}}$,从而 $K_o \approx \alpha_{小}$。在此种情况下,总传热系数约等于对流传热系数较小一侧流体的对流传热系数。

在本实验的情况下,空气与水通过列管式换热器的间壁进行换热,$\alpha_{空气}(\alpha_i) \ll \alpha_{水}(\alpha_o)$,所以可以近似认为 $\alpha_i \approx K$,由此求出空气侧的传热膜系数 α_i。

3. 准数关联式

由于对流传热过程十分复杂,影响因素很多,目前尚不能通过解析法得到对流传热系数的关联式,通常是在大量实验的基础上找到影响对流传热系数的主要因素,再通过量纲分析得到准数关联式的一般式。

当流体无相变时,圆管内流体对流传热系数准数方程的一般形式为:

$$Nu = ARe^B Pr^n$$ (5-29)

式中:$Nu = \dfrac{\alpha d_i}{\lambda}$,努塞尔特准数,无量纲;

$R_e = \dfrac{d_i u \rho}{\mu}$,雷诺准数,无量纲;

λ——流体导热系数,W/(m·℃);

d_i——圆管内径,m;

μ——流体黏度,Pa·s;

Pr——流体的普朗特数,无量纲。

流体的物性 μ、λ、Pr 等由定性温度确定,定性温度为换热器进出口流体温度的算术平均值。流体被冷却时,$n = 0.3$;被加热时 $n = 0.4$;在本实验中,空气被冷却,$n = 0.3$。

变换空气的流量,测定一组不同空气流量下的 Re、Nu,以 $\dfrac{Nu}{Pr^{0.3}}$ 对 Re 在双对数坐标图中做图,得到一条直线,直线的斜率为 B,截距为 A。

4. 空气的流量

空气的流量用转子流量计测定。转子流量计的刻度是用 20℃、101.3kPa 的空气进行标定的。实验测定时,空气的温度、压力与上述标定条件不同,应作换算:

$$q_{v2} = q_{v1} \sqrt{\frac{\rho_1 (\rho_f - \rho_2)}{\rho_2 (\rho_f - \rho_1)}} \approx q_{v1} \sqrt{\frac{\rho_1}{\rho_2}} = q_{v1} \sqrt{\frac{p_1 T_2}{p_2 T_1}} \qquad (5-30)$$

$$q_{m2} = q_{v2} \rho_2 \approx q_{v1} \sqrt{\rho_1 \rho_2} = q_{v1} \sqrt{\frac{p_1 p_2}{T_1 T_2}} \qquad (5-31)$$

式中:q_{v1}——转子流量计示值,m³/h;

q_{v2}——使用状态下空气的体积流量,m³/h;

ρ_1——标定状态下空气的密度,kg/m³;

ρ_2——使用状态下空气的密度,kg/m³;

ρ_f——转子所用材料的密度,kg/m³;

p_1——标定状态下的压强,101.3kPa;

p_2——使用状态下的压强,kPa;

T_1——标定状态下的温度,K;

T_2——使用状态下的温度,K;

q_{m2}——使用状态下空气的质量流量,kg/h。

三、实验装置

如图 5-6 所示,整套装置主要由气泵、缓冲罐、预热器和列管式换热器组成,并配有温度控制仪、测温仪表及流量计。实验物系为自来水和空气,自来水经转子流量计计量后进入换热器的壳程,空气经气泵、缓冲罐,并经过转子流量计计量后进入预热器,加热到预定温度后进入列管式换热器的管程。空气的流量由旁路阀调节,换热器的管程、壳程进出口分别装有温度计,以测量空气、水进出口的温度。

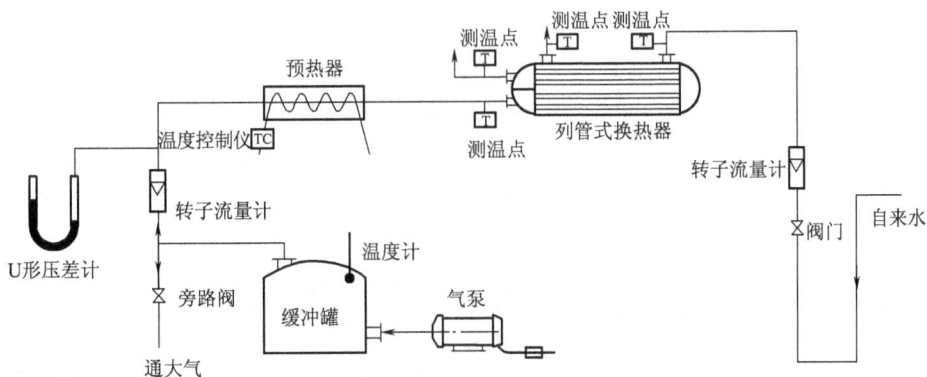

图 5 - 6 换热器传热系数测定装置示意图

四、实验方法

(1)打开进水阀门,使水量维持在一定数值。

(2)全开旁路阀,启动气泵,调节旁路阀使空气流量适当。旁路阀全开时,通过系统的空气流量为最小值,逐渐关闭旁路阀,空气流量逐渐增大。

(3)将预热器通电加热空气,使空气加热到约100℃。空气温度达到100℃后,待各仪表的读数稳定后,读取空气流量、预热前温度和压强、自来水流量、空气和水进出换热器的进出口温度,进行记录。

(4)维持水量一定,根据实验布点要求,改变空气流量5～6次,重复(3)的步骤,记录5～6组数据。

(5)实验结束后,全开旁路阀,关闭电源,关闭进水阀。

五、数据处理要求

(1)计算换热器的总传热系数 K 和空气传热膜系数 α_i,并列出计算式。

(2)用双对数坐标纸作出 Re—Nu 图。

(3)求出准数关联式 $Nu = ARe^BPr^n$ 中 A、B 的值。

☞ 思考题

1. 影响总传热系数 K 的因素有哪些?

2. 影响传热膜系数的因素有哪些?

3. 本实验中,如果恒定空气流量,而改变水流量,会有什么结果?

4. 在启动和关闭气泵时,为什么要全开旁路阀?

实验数据记录表

装置号_____　　日期_____
室温_____℃　　大气压_____kPa

参数 \ 次数	空　气					水		
	预热前温度/℃	预热前压强/Pa	流量/(m³/h)	进口温度/℃	出口温度/℃	流量/(L/h)	进口温度/℃	出口温度/℃
1								
2								
3								
4								
5								
6								

实验 5　精馏塔的操作与板效率的测定

一、实验目的

（1）了解筛板精馏塔的结构和精馏流程。
（2）熟悉筛板精馏塔的操作方法。
（3）学会测定精馏塔全塔效率的方法。

二、实验原理

精馏是利用液体混合物中各组分的挥发度不同使之分离的单元操作。精馏过程在精馏塔内完成。根据精馏塔内构件不同，可将精馏塔分为板式塔和填料塔两大类。根据塔内气、液接触方式不同，亦可将板式塔称为逐级式接触传质设备，填料塔称为微分式接触传质设备。在板式精馏塔中，蒸汽逐板上升，回流液逐板下降，气液两相在塔板上接触。由于各组分挥发度的不同，在塔内多次部分汽化与多次部分冷凝的过程中进行传热和传质，达到分离的目的。

塔板是板式精馏塔的主要构件，工业上常用的塔板有筛板、浮阀塔板、泡罩塔板等。气液两相在实际板上接触时，一般不能达到平衡状态。因此，实际塔板数总是比理论塔板数要多，实际板和理论板在分离效果上的差异用板效率来衡量，因而板效率的高低是评定某种塔板传质性能好坏的主要参数。板效率有几种不同的表示法：全塔效率、单板效率及点效率等。影响塔板效率的因素有很多，迄今为止，塔板效率的计算问题尚未得到很好的解决，一般还是通过实验的方法测定。由于众多复杂因素的影响，精馏塔内各板和板上各点的效率不尽相同，工程上有实际意义的是在全回流条件下测定全塔效率。

1. 全塔效率 E_T

全塔效率的定义如下,它的具体数值需用实验测定。

$$E_T = \frac{N_T - 1}{N_P} \times 100\% \qquad (5-32)$$

式中:E_T——全塔效率(总板效率);

　　　N_T——完成一定分离任务所需要的理论塔板数,包括蒸馏釜;

　　　N_P——完成一定分离任务所需要的实际塔板数。

全塔效率是一个综合了塔板结构、物性、操作变量等诸多因素影响的参数。只要在全回流条件下测得塔顶和塔底目的组分的浓度 x_D 和 x_W,即可根据物系的相平衡关系,在 $y—x$ 图上通过作图法求得 N_T,并根据上式得出 E_T(图5-7)。

2. 灵敏板

当操作压力一定时,塔顶、塔底产品组成和塔内各板上的气液相组成与板上温度存在一定的对应关系。通常情况下,精馏塔内各板的温度并不是线性分布,而是呈"S"形分布。一个正常操作的精馏塔当受到某一外界因素的干扰时(如回流比、进料组成发生波动等),全塔各板的组成将发生变动,全塔的温度分布也将发生相应的变化。仔细分析塔内操作条件变动前后沿塔高的温度变化可以看出(图5-8),在精馏段或提馏段的某些塔板上温度变化最显著,这些板的温度对外界的干扰反应最为灵敏,通常称为灵敏板。生产上常用测量和控制灵敏板的温度来保证产品的质量,灵敏板一般靠近进料口。在操作过程中,通过灵敏板温度的早期变化,可以预测塔顶和塔底产品组成的变化趋势,从而可以及早采取有效的调节措施。纠正不正常的操作,保证产品质量。

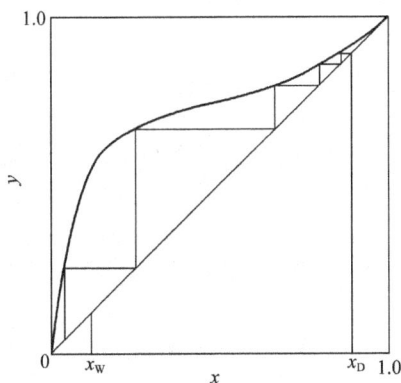

图5-7　全回流时理论塔板数的确定

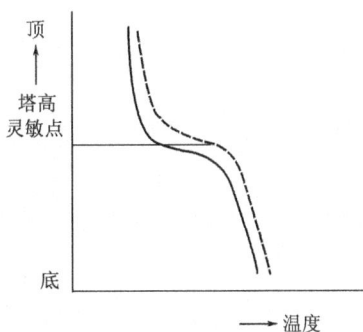

图5-8　全塔温度分布的变化

3. 塔板上气液两相接触状态

(1)鼓泡状态。气速较小时,气体以小气泡的形式通过液层,此时塔板上存在明显的清液层,且由于气泡少,相界面积小,液层湍动不剧烈,因而传质阻力大。

(2)泡沫状态。当气速继续增加时,气泡的数量急剧增加。此时塔板上的液体大部分均以液膜的形式存在于气泡之间,在板上只能看见较薄的一层清液。由于气泡不断发生碰撞和分裂,表面不断更新,传质和传热的效果好。

(3)喷射状态。当气速继续增加,由于气体的动能很大,将液体分散成液滴群,导致泡沫被破坏,气相转变为连续相,液相转变为分散相。在此状态下,被分散的液滴表面为传质面,液相横穿塔板时,多次被分散和凝聚,表面不断地被更新,从而为气液两相传质创造了较好的条件。

三、实验装置

本实验装置为小型筛板塔,流程如图 5 - 9 所示。塔及塔板附属设备几何参数如下:

(1)主塔:塔径 $D=60\text{mm}$,塔板间距 $H_\text{T}=100\text{mm}$,塔板数共 15 块,加料板位置在第 11 块和

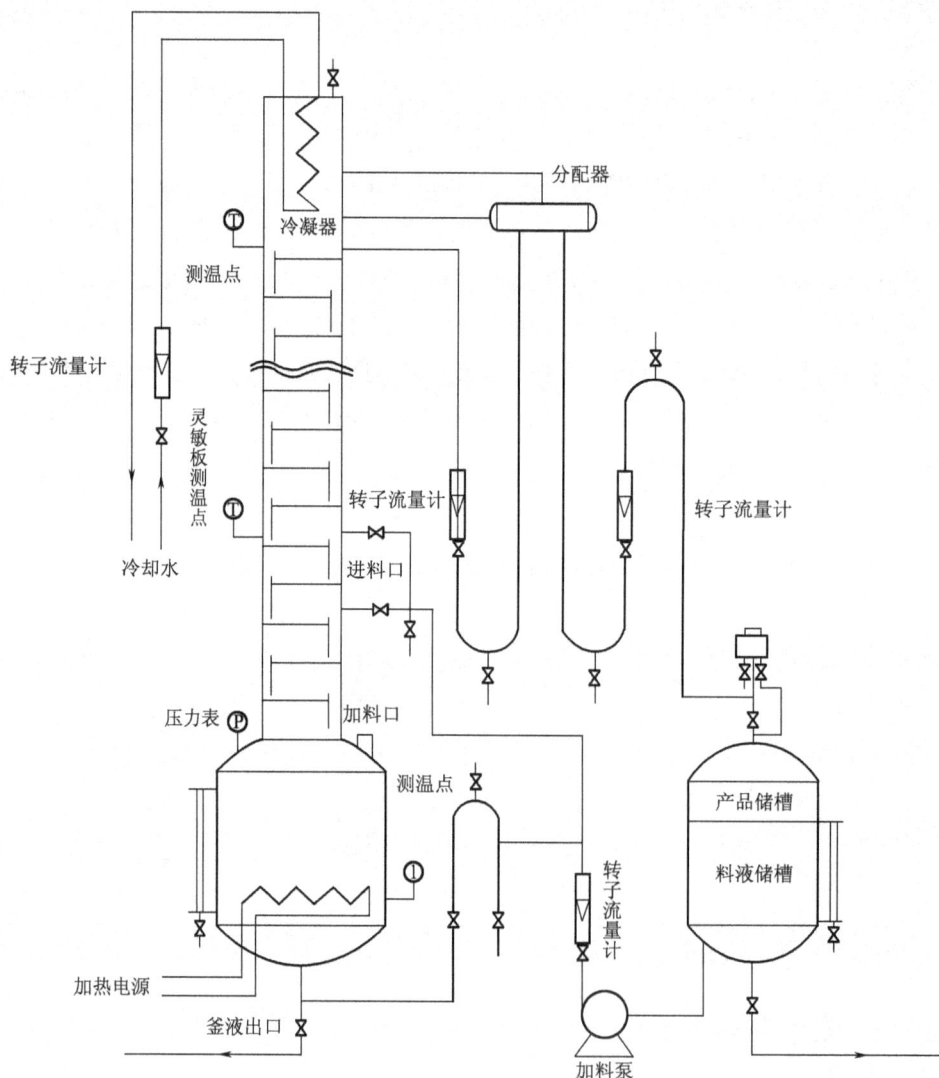

图 5 - 9　筛板式精馏塔实验流程图

第 13 块。灵敏板位置在第 10 块,在塔的上、中、下部分分装三段玻璃塔身,可观察塔内气液接触和回流情况。

(2)冷凝器为盘管换热器,塔顶出来的蒸汽全部冷凝,流入分配器。部分回流时,其中部分冷凝液回流入塔,其余作为产品,流入储槽。

(3)釜液用电加热器加热,用调节电压的方法来控制塔内的气相流量,进料、塔顶馏出产品及塔釜残液的浓度,用量筒由取样口取样,放在恒温水槽中,冷却到一定温度后,由酒精计测出浓度。

四、实验方法

(1)熟悉和检查本实验装置的管路阀门、仪表及有关消防器材。

(2)将已配置好的料液(由酒精计测得体积百分数为 15% ~ 20%)装入塔釜,待塔釜装满 2/3 容积左右停止加料。打开电源,调节电压,使电加热器对釜液加热。注意观察塔釜内的温度。

(3)当塔釜温度上升至 60℃,打开塔顶冷凝器的冷却水阀门,检查馏出产品的阀门是否关闭,回流阀门是否全开。调节冷却水量不必很大,使蒸汽不从冷凝器的放空管逸出即可。

(4)塔釜加热量是通过调节电加热器的电压进行的,每次调节时改变量不要太大,采用微调、多次、渐变的方法,使塔内的浓度梯度和温度梯度平稳变化。观察操作条件下塔中流体的流动情况,如塔板上是否维持所必需的液层,是否漏液严重,雾沫夹带等,努力实现正常或最佳操作状态。操作正常后,必须维持这个状态。

(5)进行全回流操作(不加料、不出产品),待稳定操作 25 ~ 30min 后。同时取样分析 x_D、x_W,浓度的测定使用酒精计进行。使用时要依估计的溶液浓度选用不同量程的酒精计(酒精计的量程有两种,分别为 0 ~ 50% 和 50% ~ 100%)。在将酒精计放入溶液中时,要等酒精计上所估计的浓度刻度值接近或浸入液面时再松手(切记不要过早松手,以免酒精计冲到量筒底部而被碰碎),然后轻微旋转酒精计使其离开量筒壁,让其自由浮动,稳定后读数。若读数时酒精计靠到量筒壁上,可再次轻微旋转酒精计使其离开量筒壁,待稳定后读数。读数时以量筒中溶液的弯月面下缘所对应的刻度来读取。

(6)转为部分回流操作,选择某一适宜的回流比(可在 1 ~ 3 范围内),连续进料,调节进料的流量到某一定值。操作中要随时观察和记录塔釜压强、灵敏板温度等操作参数的变化以及塔釜液位变化情况,及时加以调节控制。当观察到塔釜液面有上升趋势时,开启塔顶馏出液阀门和塔釜残液阀门,塔釜残液阀门开度应根据釜液面进行调节($F = D + W$),使塔釜液面保持恒定。要求在 1h 内获得浓度不低于 80% 的产品 500mL。

(7)实验结束后,先关闭电源,待塔内没有回流时,再关闭冷却水。

五、数据处理要求

(1)根据所测得的 x_D、x_W,用图解法计算全回流条件下的理论板数。

(2)计算精馏塔的全塔效率。

👉 思考题

1. 什么是最小回流比？精馏塔能否在最小回流比下操作？

2. 在本实验的操作条件下，增加塔板数目，能否在塔顶得到纯乙醇的产品，为什么？

3. 为什么要控制塔釜液面？它与物料、热量和相平衡有什么关系？

4. 用转子流量计来测定乙醇—水溶液流量,计算时应怎么校正？

5. 本实验是常压精馏,精馏塔的常压操作是怎样实现的？

6. 在连续精馏实验中,塔釜出料管没有安装流量计,如何判断和保持全塔物料平衡？

7. 在精馏塔操作过程中,塔釜压力为什么是一个重要操作参数？塔釜压力与哪些因素有关？

实验数据记录

装置号_____ 日期_____ 室温_____℃ 大气压_____kPa

塔釜温度_____℃ 灵敏板温度_____℃ 塔顶温度_____℃

塔釜压强_____Pa 配置的釜液浓度_____（体积分数）

x_D = _____（体积分数）= _____（摩尔分数）

x_W = _____（体积分数）= _____（摩尔分数）

实验6 填料吸收塔吸收系数的测定

一、实验目的

(1)熟悉了解吸收塔的结构及操作方法。

(2)观察气液在塔内的流体力学特性。

(3)测定在一定操作条件下的总体积吸收系数。

二、实验原理

吸收过程是依据气相中各溶质组分在液相中的溶解度不同而分离气体混合物的单元操作。填料吸收塔一般由以下几部分构成:圆筒壳体、液体分布装置、液体支撑板、填料、再分布器、捕沫装置、进口接管、出口接管等。常见的大颗粒填料有拉西环、鲍尔环、阶梯环、弧鞍环、矩鞍环等。填料的材质可以是金属、塑料、陶瓷等。规整填料是由许多具有相同几何形状的填料单元体组成,以整砌的方式装填在塔内。常见的规整填料有丝网波纹填料。

1. 填料吸收塔的流体力学特性

气体通过干填料层流动时,干填料的 $\Delta P/Z$—u 关系(图 5 - 10)是直线,其斜率为 1.8 ～ 2.0,与管内湍流流动关系相似。当有一定的喷淋量时(图中曲线 1、2、3 对应的液体喷淋量依次增大),由于液体占据空隙中部分自由截面积,气体所受阻力增大,因此,在相同流速下气体通过填料层的压降增大,故 $\Delta P/Z$—u 关系曲线都在 0($L_0 = 0$)线上方,如图 5 - 10 所示。

1、2、3 曲线在气速很小时仍与 $0(L_0 = 0)$ 线相似。液体向下流动未受到气体阻碍,当气体速度增大到 A(折点)后,气体的曳力使填料持液量增加,而使气体压降增加,液体向下流动开始受阻,此种现象称为载液,A 点称为载点,气速升到 B 点,气体对液体的阻力使液体停止下流,液体充满空隙,气体以气泡形式通过液体层,此时压降上升很快,并出现波动,关系曲线几乎垂直。此时,即为液泛现象。填料塔流体力学特性测定为确定塔的气—液负荷及输送机械的功率提供依据。

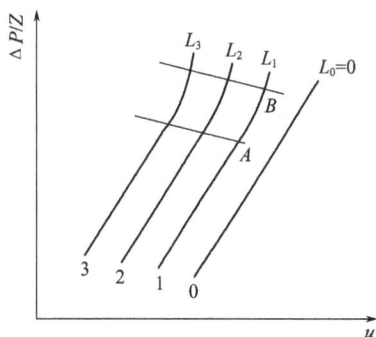

图 5 - 10 填料层的 $\Delta P/Z$—u 关系

2. 传质系数的测定

反映填料吸收塔性能的主要参数之一是传质系数。本实验是用水吸收空气—氨混合气中少量的氨。氨为易溶气体,操作属于气膜控制,在其他条件不变的情况下,随着空塔气速在一定范围内的增加,传质系数也相应变大。当空塔气速达某一值时,将会出现液泛现象,此时塔的正常操作被破坏。所以适宜的空塔气速应控制在液泛速度以下。

本实验所用的混合气体中氨的浓度很低($<5\%$),吸收所得溶液浓度也不高,气、液两相的平衡关系服从亨利定律,故相应的 $K_Y a$ 的计算式可由下式推导出:

$$Z = \int_0^Z \mathrm{d}Z = \frac{V}{K_Y a \Omega} \int_{Y_2}^{Y_1} \frac{\mathrm{d}Y}{Y - Y^*} = H_{OG} \cdot N_{OG} \qquad (5-33)$$

其中:

$$H_{OG} = \frac{V}{K_Y a \Omega} \quad , \quad N_{OG} = \int_{Y_2}^{Y_1} \frac{\mathrm{d}Y}{Y - Y^*}$$

则:

$$K_Y a = \frac{V(Y_1 - Y_2)}{\Omega Z \Delta Y_m} \qquad (5-34)$$

式中:Z——填料层高度,m;

V——空气流量,kmol/h;

Y_1——塔底气相浓度,NH_3/空气,kmol/kmol;

Y_2——塔顶气相浓度,NH_3/空气,kmol/kmol;

H_{OG}——气相总传质单元高度,m;

N_{OG}——气相总传质单元数;

$K_Y a$——气相总体积吸收系数,kmol/($m^3 \cdot h$);

Ω——填料塔横截面积,m^2;

ΔY_m——塔内气相平均总推动力。

（1）空气流量。标准状态的空气流量 $V_{0空}$ 用下式计算：

$$V_{0空} = V_{空} \frac{T_0}{P_0} \sqrt{\frac{P_1 P_2}{T_1 T_2}} \qquad (5-35)$$

式中：$V_{空}$——转子流量计示值，m^3/h；

$\quad T_1, P_1$——标定状态下空气温度（K）和压强（Pa）；

$\quad T_0, P_0$——标准状态下空气温度（K）和压强（Pa）；

$\quad T_2, P_2$——使用状态下空气的温度（K）和压强（Pa）。

（2）氨气流量。标准状态下氨气流量 V_{0NH_3} 用下式计算：

$$V_{0NH_3} = V_{NH_3} \frac{T_0}{P_0} \sqrt{\frac{\rho_{01} P_1 P_2}{\rho_{02} T_1 T_2}} \qquad (5-36)$$

式中：V_{NH_3}——转子流量计示值，m^3/h；

$\quad T_1, P_1$——标定状态下空气温度（K）和压强（Pa）；

$\quad T_0, P_0$——标准状态下空气温度（K）和压强（Pa）；

$\quad T_2, P_2$——使用状态下氨气的温度（K）和压强（Pa）；

$\quad \rho_{01}, \rho_{02}$——标准状态下的空气密度（$kg/m^3$）和氨气密度（$kg/m^3$）。

若氨气中含纯氨为99.9%，则纯氨气在标准状态下的流量 $V'_{0NH_3} = V_{0NH_3} \times 99.9\%$。

（3）进气浓度 Y_1：

$$Y_1 = \frac{n_{NH_3}}{n_{空}} = \frac{V'_{0NH_3}}{V_{0空}} \qquad (5-37)$$

（4）尾气浓度 Y_2：

$$Y_2 = \frac{V'_w}{V''_w} \qquad (5-38)$$

式中：V''_w——尾气通过吸收盒，除去氨后的空气体积，L（标准状态）；

$\quad V'_w$——被吸收氨的体积，L（标准状态）。

计算 Y_2 时，要将湿式气体流量计测得空气体积 V_i 换算为标准状态下的空气体积 V''_w。换算式为：

$$V''_w = \frac{P_i T_0}{P_0 T_i} V_i \qquad (5-39)$$

式中：V_i——湿式气体流量计所测得的空气体积，L；

$\quad P_i, T_i$——空气流经湿式气体流量计时的压强（Pa）和温度（K）；

$\quad P_0, T_0$——标准状态下空气的压强（Pa）和温度（K）。

氨的体积根据加入吸收盒的硫酸溶液体积和浓度用下面公式计算：

$$V'_W = 22.4 V_S M_S \times 2 \qquad\qquad (5-40)$$

式中: V_S——加入吸收盒中硫酸溶液体积, L;

$\quad$ M_S——硫酸的物质的量浓度, mol/L;

$\quad$ 22.4——NH_3 在标准状态下的体积, L/mol。

（5）塔内气相平均总推动力 ΔY_m:

$$\Delta Y_m = \frac{\Delta Y_1 - \Delta Y_2}{\ln \dfrac{\Delta Y_1}{\Delta Y_2}} \qquad\qquad (5-41)$$

其中:

$$\Delta Y_1 = Y_1 - Y_1^* \qquad Y_1^* = m X_1 = \frac{E}{P} X_1$$

$$\Delta Y_2 = Y_2 - Y_2^* \qquad Y_2^* = m X_2 = \frac{E}{P} X_2$$

式中: Y_1——塔底气相浓度, NH_3/空气, kmol/kmol;

$\quad$ Y_2——塔顶气相浓度, NH_3/空气, kmol/kmol;

$\quad$ Y_1^*——与 X_1 相平衡的气相浓度, NH_3/空气, kmol/kmol;

$\quad$ Y_2^*——与 X_2 相平衡的气相浓度, NH_3/空气, kmol/kmol。

①平衡关系:

$$m = \frac{E}{P} \qquad\qquad (5-42)$$

本实验亨利系数与温度关系可用下式计算:

$T \geqslant 20℃$ 时, $E = (T-20) \times 4782.54 + 78830.85$;

$10℃ < T < 20℃$ 时, $E = (T-10) \times 2796.57 + 50865.15$;

$0℃ < T \leqslant 10℃$ 时, $E = T \times 2117.69 + 29688.225$。

式中: m——相平衡常数;

$\quad$ E——亨利系数, Pa;

$\quad$ P——混合气体总压, Pa, $P = $ 大气压 $+$ 塔顶表压 $+ \dfrac{填料层压降}{2}$;

$\quad$ T——溶剂进出温度平均值, ℃。

②塔底液相浓度 X_1 的计算。根据物料衡算有:

$$V(Y_1 - Y_2) = L(X_1 - X_2) \qquad\qquad (5-43)$$

式中: V——空气流量, kmol/h;

$\quad$ L——液体喷淋量, kmol/h;

$\quad$ Y_1, Y_2——塔底、塔顶气相浓度, NH_3/空气, kmol/kmol;

X_1,X_2——塔底、塔顶液相浓度,NH$_3$/水,kmol/kmol。

进塔溶剂为清水时,$X_2 = 0$,所以:

$$X_1 = \frac{V}{L}(Y_1 - Y_2) = \frac{G_A}{L} \qquad (5-44)$$

其中:

$$L = \frac{V_\text{水} \rho_\text{水}}{M_\text{水}} \qquad (5-45)$$

式中:$V_\text{水}$——水的流量,m^3/h;

$\rho_\text{水}$——水的密度,kg/m^3;

$M_\text{水}$——水的相对分子质量,kg/kmol。

三、实验装置

本实验装置如图5-11所示,空气由气泵供给,气体经稳压罐进入转子流量计,计量后进入总管,氨气由氨瓶经氨稳压罐后进入总管与空气混合,再进入塔底(有机玻璃管塔体)经水吸收后排出,出口处有尾气调节阀维持一定的尾气压力,作为尾气通过湿式流量计的推动力。

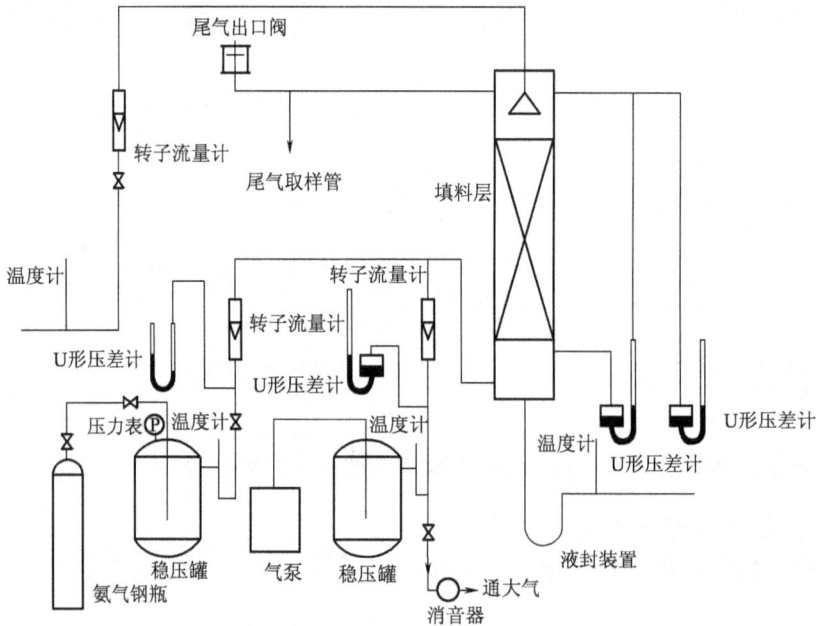

图5-11 填料吸收塔实验流程图

水经过转子流量计送至塔顶,均匀喷向填料层,吸收后的溶液经塔底液封管排出塔外。氨经氨瓶上减压阀将输出氨气压力稳定在0~0.04MPa(表压)范围内。气体流量与气体状态有关,每个气体流量计前均装有压力表和温度计。

四、实验方法

(1)把进水阀打开,调节水量至某一适宜值。

(2)启动气泵。启动气泵前,先将旁路阀开至最大开度,然后启动气泵。否则气泵开动,由于系统内气速突然上升可能碰坏空气转子流量计以及使 U 形压差计中的指示液喷出。

(3)调节旁路阀,使空气的流量由小变大,直至填料塔接近液泛为止,然后减小空气流量。此目的是使填料全面润湿一次。

(4)打开氨流量计,送入适量的氨,使混合气体中氨的浓度在5%以下。

(5)准备、连接好尾气吸收盒。用蒸馏水少许洗净吸收盒,然后在吸收盒中加入一定浓度、一定体积(取 1mL)的稀硫酸,再加入蒸馏水至刻度线处,最后滴入指示剂(甲基红)之后将吸收盒连入管路。打开取样管阀以前,先记录湿式空气流量计初示值。分析时开启阀门,让尾气通过吸收盒,注意旋塞开度应适当,使气泡均匀上升,以免硫酸被气泡带走,造成反应不完全。被测气体通过吸收盒后,其中的氨气被吸收,而剩下的惰性气体(空气)通过湿式气体流量计并测定它的体积,当吸收液到达终点时(指示剂由红色变为黄色)立即关闭阀门,读取湿式气体流量计终示值。

(6)当空气、氨、水三者的流量达到稳定后,分析尾气,并同时记录有关数据。

(7)改变空气的流量(氨气、水的流量不变)重复步骤(5)~(6)。

(8)实验结束,先关闭氨瓶上的阀门,待稳压罐内的氨气全部排净后,关闭氨气阀门。将旁路阀全开,切断气泵电源。最后关闭进水阀。

五、数据处理要求

计算 $K_Y a$ 与 H_{OG},并列出一组数据的计算过程和结论。

👉 思考题

1. 空气流量由转子流量计测定,如何换算成实际流量?

2. 填料塔的液泛和哪些因素有关?

3. 测定填料吸收塔的 $K_Y a$ 有何实际意义?从实验结果分析 $K_Y a$ 的变化,确定本吸收过程属于什么控制。

4. 当填料吸收塔提高喷淋量时,对 X_1、Y_2 有何影响?

5. 填料吸收塔塔底为什么必须有液封装置?如何设计液封装置?

实验数据记录表

装置号_____　　日期_____　　室温_____℃　　大气压_____kPa

填料层高度_____m　　塔径_____m

填料的类型_____

参　数	次　数	1	2	3	4
进塔空气	流量/（m³/h）				
	压强/mmH₂O				
	温度/℃				
喷淋水	流量/（L/h）				
	入塔温度/℃				
	出塔温度/℃				
塔压强	塔顶表压/mmH₂O				
	填料层压差/mmH₂O				
进塔氨气	流量/（m³/h）				
	压强/mmHg				
	温度/℃				
出塔尾气	尾气体积/L				
	尾气温度/℃				
	硫酸浓度/（mol/L）				
	硫酸体积/mL				

注　1mmHg≈133.3Pa,1mmH₂O≈9.81Pa。

实验7　干燥速率曲线的测定

一、实验目的

（1）掌握干燥设备的结构和特点。

（2）掌握恒定干燥条件下的干燥操作。

（3）测定物料在常压恒定干燥工况下的干燥速率曲线,求出临界含水量。

二、实验原理

干燥操作是采用适当的方式将热量传给含水物料,使含水物料中的水分蒸发分离的操作。干燥操作同时伴有传热和传质,过程比较复杂,目前仍依赖于实验解决干燥问题。

首先要确定湿物料的干燥条件,例如已知干燥要求,当干燥面积一定时,确定所需干燥时间;或干燥时间一定时,确定所需干燥面积。因此必须掌握物料的干燥特性,即干燥速率曲线。将湿物料置于一定的干燥条件下,即有一定湿度、温度和速度的大量热空气流中,测定被干燥物料的质量和温度随时间的变化。

1. 干燥速率曲线

当物料与干燥介质接触时,物料表面的水分开始汽化,向周围介质传递。由于湿物料表面水分汽化,物料表面与内部之间形成湿度差,物料内部水分逐渐向表面传递扩散,在干燥过程中,水分的表面汽化和内部扩散传递是同时进行的。

干燥曲线由实验测得,如图 5 – 12 所示。根据图 5 – 12,干燥曲线图中含水量 X 对时间的斜率可求得对应含水量 X 时的干燥速率,进而求得干燥速率曲线,如图 5 – 13 所示。干燥过程可分为三个阶段:AB 为物料预热阶段;BC 为恒速干燥阶段;CDE 为降速干燥阶段。在预热阶段,热空气向物料传递热量,物料温度上升。当物料表面温度达到湿空气的湿球温度,传递的热量只用来蒸发物料表面水分,其干燥速率不变,为恒速干燥阶段,此时物料表面存有液态水。随着干燥的进行,物料表面不存在液态水,水分由物料内部向表面扩散,其扩散速率小于水分蒸发速率,则物料表面开始变干,表面温度开始上升,干燥进入降速干燥阶段,最后物料的含水量达到该空气条件下的平衡含水量 X^*。恒速干燥阶段与降速干燥阶段的交点为临界含水量 X_c。

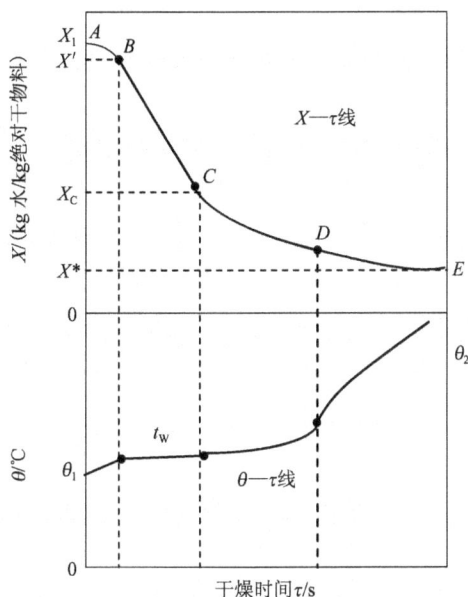

图 5 – 12　恒定干燥条件下物料的干燥曲线

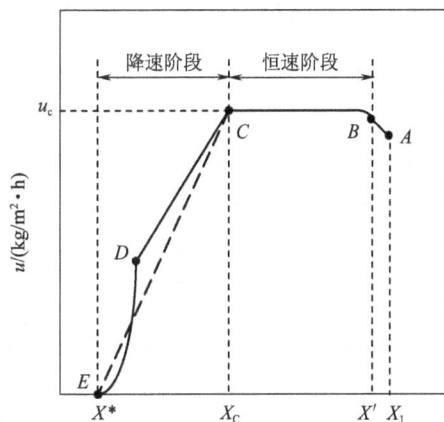

图 5 – 13　恒定干燥条件下的干燥速率曲线

干燥速率 u 定义为每秒钟从单位干燥面积上除去的水分的质量,即:

$$u = \frac{\mathrm{d}W'}{S\mathrm{d}\tau} \tag{5 – 46}$$

式中:u——干燥速率,kg/($\mathrm{m}^2 \cdot$ s);

　　S——干燥面积,m^2;

　　τ——干燥时间,s;

　　W'——从干燥物料中汽化的水分质量,kg。

(1)恒速干燥。在恒定的条件下当水分由物料内层迁移至物料表面的速率大于或等于水分从表面汽化的速率,则物料表面保持完全润湿。干燥速率保持不变,即为等速干燥阶段。此阶段干燥速率大小是由物料表面水分汽化速率而定,物料表面温度约等于空气的湿球温度。

干燥速率可用下式表示:

$$u = \frac{dW'}{Sd\tau} = \frac{dQ'}{r_W Sd\tau} = k_H(H_W - H) = \frac{\alpha}{r_W}(t - t_W) \qquad (5-47)$$

式中:Q'——恒速阶段汽化水分所需的热量,即由空气传给物料的热量,kJ;

$\quad k_H$——以湿度差为推动力的传质系数,$kg/(m^2 \cdot s)$;

$\quad H$——t 时空气的湿度,kg/kg 绝干空气;

$\quad H_W$——t_W 时空气的饱和湿度,kg/kg 绝干空气;

$\quad \alpha$——空气至物料表面传热膜系数,$kW/(m^2 \cdot \text{℃})$;

$\quad t$——空气温度,℃;

$\quad t_W$——物料表面温度,等于空气的湿球温度,℃;

$\quad r_W$——温度为 t_W 时的水的汽化潜热,kJ/kg。

式(5-47)说明干燥既是传质过程,又是一个传热过程。干燥速率也可根据传热膜系数 α 求取。对于静止的物料,空气流动方向平行于物料表面时,空气的质量流速 $G = 2450 \sim 29300kg/(m^2 \cdot h)$,则 $\alpha = 0.0204G^{0.8}$。

(2)降速干燥。当物料湿含量降至临界湿含量以下,这时水分由内部向物料表面迁移的速率低于湿物料表面水分的汽化速率,物料干燥速率随着其含水量的减小而下降,即为降速干燥阶段。此阶段物料的干燥速率主要由水分在物料内部的迁移速率所决定,物料表面温度逐渐上升。

2. 气相传热膜系数 α 的求取

由实验测得恒速干燥速率 u 恒速,便可由公式(5-47)求出气相传热膜系数 α,即:

$$\alpha = \frac{u_{恒速}r_W}{t - t_W} \qquad (5-48)$$

3. 空气流量的测定

(1)空气质量流量计算:

$$W = V_s\rho = 0.111\sqrt{p\rho} \qquad (5-49)$$

式中:p——压差计读数,kPa;

$\quad \rho$——湿空气密度,kg/m^3;

$\quad V_s$——体积流量,$0.111\sqrt{p/\rho}$。

(2)空气质量流速计算:

$$G = \frac{W}{A} \qquad (5-50)$$

式中:W——空气质量流量, kg/s;

A——厢式干燥器流道截面积,m^2。

三、实验装置

实验装置为厢式干燥器,如图 5 - 14 所示,空气由风机输入,经孔板流量计测定空气的流量,调节风机的转速可以调节空气流量,空气经电加热器加热后进入厢室,温度由温控仪控制。厢室的后部装有温度计测量尾气温度,厢室的前端装有干、湿球温度计,用来测量进入厢室的空气状态,厢室的中部置有铁架,底部连接有电子天平,通过传感器可直接显示物料的质量。

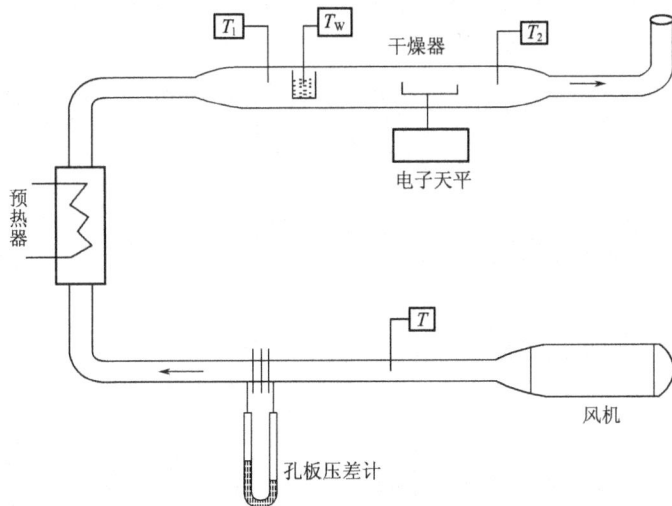

图 5 - 14　干燥实验流程图

四、实验方法

(1)称取已烘至绝干的物料的质量,测其表面积,然后,将物料浸泡在水中。

(2)开启风机,调节好流量,使孔板流量计上压差的读数显示在 0.15 ~ 0.20kPa 之间。

(3)设置干燥空气的温度在 75℃ 左右,通过温控显示仪上的" + "和" - "来设置温度,检查各仪表是否处在正常状态。

(4)打开电加热开关,在湿球温度计上加入适量的水到指定刻度。

(5)观察干燥器内的温度情况,当温度恒定之后,才能进行实验。

(6)物料在水中浸泡 10min 后,取出擦干表面多余的水分,称重。湿物料与绝干物料的质量差,即为吸收水分的质量。

(7)将湿物料放入干燥器内,同时启动计时仪上的开关,以记录时间。

(8)在干燥过程中,分别同时记录物料的质量与相应的时间。

(9)当物料的质量几乎不再发生变化时,干燥速率几乎为零,即可停止实验。

(10)干燥结束时,先关闭仪表及电加热器电源,再关风机。

五、数据处理要求

(1)标绘干燥速率曲线,并列出计算示例。

(2)标出临界湿含量值。

(3)计算传热膜系数。

☞ 思考题

1. 实验过程中,干、湿球温度计的温度是否有变化,为什么?

2. 本实验中若长时间进行干燥,最终能否得到绝干物料?

3. 通过干燥实验的操作,试分析影响干燥速率的因素有哪些?

实验数据记录表

装置号_____　　日期_____

物料名称_____　　物料绝干质量_____g

物料湿后质量_____g　　物料尺寸(长×高×宽)_____m

大气压强_____kPa　　室温_____℃

孔板流量计压差指示值_____kPa　　厢式干燥室截面积_____m²

次数　　参数	干球温度/℃	湿球温度/℃	时间/s	湿物料质量/g

实验 8　液—液萃取

一、实验目的
（1）了解液—液萃取设备的结构和特点。
（2）观察萃取塔内两相流动现象，掌握振动筛板塔的操作方法。
（3）测定振动筛板塔在不同振动频率操作时的传质单元数、传质单元高度及萃取效率。

二、实验原理
萃取是分离液体混合物的单元操作。它的工作原理是在待分离的混合液中加入与之互不相溶或部分互溶的萃取剂，形成共存的两个液相，利用原溶剂与萃取剂对各组分溶解度的差异，使原溶液得到分离。

1. 液—液萃取操作

液—液相传质和气—液相传质均属于相间传质过程，这两类传质过程具有相似之处，但也有很大差别。在液—液系统中为了提高液—液相传质的效率，常常要借用外力将一相强制分散于另一相中，如搅拌、脉动、振动等，本装置采用振动。为使两相充分分离，萃取塔通常在塔顶与塔底有扩大的相分离段，以保证有足够的停留时间使两相分离。

（1）分散相选择。在萃取设备中，为了使两相密切接触，其中一相充满设备中的主要空间，并呈现连续流动现象，称为连续相；另一相以液滴的形式，分散在连续相中，称为分散相。合适分散相的选择对设备的操作性能、传质效果有显著的影响。分散相的选择可通过小试或中试确定，一般应考虑以下几个方面：

①为了增加相接触面积，一般将流量大的一相作为分散相，但如果两相的流量相差很大，并且所选用的萃取设备具有较大的轴向混合现象，此时应将流量小的一相作为分散相，以减少轴向混合。

②应充分考虑界面张力变化对传质面积的影响。对于 $\frac{\mathrm{d}\sigma}{\mathrm{d}x} > 0$ 的系统，即系统的界面张力随溶质浓度增加而增加的系统，当溶质从液滴向连续相传递时，液滴的稳定性较差，容易破碎，而液膜的稳定性较好，液滴不易合并，所以形成的液滴平均直径较小，相际接触表面较大；当溶质从连续相向液滴传递时，情况刚好相反。在设计液—液传质设备时，根据系统性质正确选择作为分散相的液体，可在同样条件下获得较大的相际传质表面积，强化传质过程。

③对于某些萃取设备，如填料塔和筛板塔等，连续相优先润湿填料或筛板是相当重要的。此时，宜将不易润湿填料或筛板的一相作为分散相。

④分散相液滴在连续相中的沉降速度，与连续相的黏度有很大的关系，为了减小塔径，提高

两相分离的效果,应将黏度大的一相作为分散相。

⑤从成本和安全方面考虑,应将成本高的,易燃、易爆物料作为分散相。

(2)液滴的分散。为了使其中一相作为分散相,必须将其分散为液滴的形式。一相液体的分散,亦即液滴的形成,必须使液滴有一个适当的大小。因为液滴的尺寸不仅关系到相际接触面积,而且影响传质系数和塔的流量。较小的液滴,相际接触面积较大,有利于传质,但是泛点速度也较低,萃取塔允许的流通量也较低。

液滴的分散可以通过以下几个途径实现:

①借助喷嘴或孔板,如喷洒塔和筛孔塔;

②借助塔内的填料,如填料塔;

③借助外加能量,如转盘塔、振动塔、脉动塔、离心萃取器等。液滴尺寸除与物系性质有关外,主要决定于外加能量的大小。

(3)萃取塔的操作。萃取塔在开车时,应首先在塔中注满连续相液体,然后开启分散相阀门,使两相液体在塔中接触传质,分散相液滴必须凝聚后才能自塔内排出。因此,当轻相作为分散相时,应使分散相在塔顶分层段凝聚,在两相界面维持适当高度后,再开启分散相出口阀门,使轻相液体从塔内排出。同时,调节重相出口倒 U 形管上的阀门,调节好塔内两相界面高度。当重相作为分散相时,则分散相液滴在塔底的分层段凝聚,两相界面应维持在塔底分层段的某一位置上。

(4)外加能量的问题。液—液传质设备引入外界能量促进液体分散,改善两相流动条件,这些均有利于传质,从而提高萃取效率,降低萃取过程的传质单元高度,但应该注意,过度的外加能量将大大增加设备内的轴向混合,减小过程的推动力。此外过度分散的液滴,液滴内循环将消失,这些均是外加能量带来的不利因素。权衡两方面因素,外界能量应适度,对于某一具体萃取过程,一般应通过实验寻找合适的能量输入量。

(5)液泛。在连续逆流萃取操作中萃取塔的通量(又称负荷)取决于连续相允许的线速度,其上限是最小的分散相液滴处于相对静止状态时的连续相流速。这时塔刚处于液泛点(即为液泛速度)。

在实际操作中,连续相的流速应在液泛速度以下,为此需要有可靠的液泛数据,一般这是在中试设备中用实际物料实验测得的。

本实验选用煤油—苯甲酸—水系统。以水作萃取剂,萃取煤油中的苯甲酸。根据分散相选择的原则,选煤油作分散相为宜。

2.传质单元数、传质单元高度及萃取效率的计算

与精馏、吸收过程类似,由于过程的复杂性,萃取过程也被分解为传质单元数和传质单元高度。当溶液为稀溶液,且溶剂与原溶剂完全不互溶时,萃取过程与填料吸收过程类似,可以仿照吸收操作处理。萃取塔的有效高度可用下式表示:

$$H = H_{OR}N_{OR} = H_{OE}N_{OE} \tag{5-51}$$

其中:

$$N_{OR} = \int_{x2}^{x1} \frac{dx}{x - x^*} \qquad N_{OE} = \int_{y2}^{y1} \frac{dy}{y^* - y}$$

式中：H——萃取段高度，m；

N_{OR}, H_{OR}——以萃余相为基准的总传质单元数和传质单元高度；

N_{OE}, H_{OE}——以萃取相为基准的总传质单元数和传质单元高度；

x^*——与萃取相溶质相平衡的萃余相溶质浓度；

y^*——与萃余相溶质相平衡的萃取相溶质浓度。

当溶液浓度很稀时，N_{OR}、N_{OE} 可用对数平均推动力法求出，两相的平衡关系可用体系的分配曲线求得。下面以萃余相为例，说明传质单元数、传质单元高度以及萃取效率的计算方法。

（1）传质单元数的计算。

$$N_{OR} = \frac{x_F - x_R}{\Delta x_m} \tag{5-52}$$

其中，当用纯溶剂萃取时：

$$\Delta x_m = \frac{(x_F - x^*) - (x_R - 0)}{\ln \dfrac{x_F - x^*}{x_R - 0}} \tag{5-53}$$

式中：x_F——原料液中溶质的质量分数；

x_R——萃余相中溶质的质量分数；

Δx_m——以萃余相浓度表示的塔内对数平均推动力。

$x^* = \dfrac{y_E}{k}$，k 为分配系数。

y_E 的计算：

$$F + S = E + R \tag{5-54}$$

$$F x_F = E y_E + R x_R \tag{5-55}$$

对于稀溶液 $F \approx R, S \approx E$，则：

$$y_E = \frac{F(x_F - x_R)}{E} \tag{5-56}$$

$$y_E \approx \frac{F(x_F - x_R)}{S} \tag{5-57}$$

式中：y_E——萃取相的浓度（质量分数）；

F——料液流量，kg/s；

S——溶剂流量，kg/s；

E——萃取相流量，kg/s；

R——萃余相流量,kg/s。

(2)传质单元高度的计算。由以上方法求得 N_{OR} 后,便 可由式(5-51)求得传质单元高度 H_{OR} ,即:

$$H_{OR} = \frac{h}{N_{OR}}$$

(3)萃取效率的计算:

$$\eta = \frac{Ey_E}{Fx_F} \approx \frac{Sy_E}{Fx_F} \qquad (5-58)$$

三、实验装置

本实验装置如图5-15所示,主要设备为振动式萃取塔,或称往复振动筛板塔,它是一种外加能量的高效率液—液萃取设备。振动塔上下两端各有一扩大的沉降段,其作用是用以延长两相的停留时间,有利于两相分离。在萃取区有一系列的筛板固定在中心轴上,中心轴由塔顶上方的曲柄连杆装置驱动,以一定的频率与振幅带动筛板做往复运动。当筛板做向上运动时,筛板上侧的液体通过筛孔向下喷射,当筛板做向下运动时,筛板下侧的液体通过筛孔向上喷射,使两相处于高度湍动状态,使液体不断分散并推动液体上下运动,强化两相的传质。

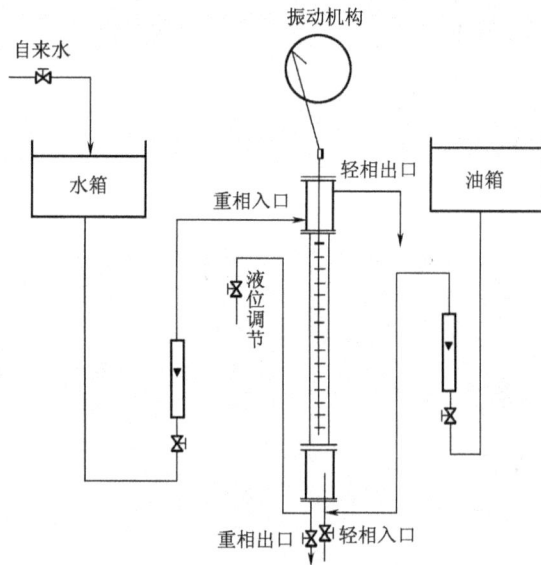

图5-15 液—液萃取实验流程图

振动筛板塔具有以下优点:

(1)传质阻力小,相际接触面大,萃取效率高;

(2)在单位塔截面上通过的物料流速较高,生产能力较大;

（3）应用曲柄连杆装置,筛板固定在刚性轴上,操作方便,结构可靠。

四、实验方法

1. 操作步骤

（1）用煤油及苯甲酸配成饱和溶液若干升放入原料箱（油箱）内。

（2）向水箱中注入自来水至2/3深度作为萃取剂。

（3）先在塔中灌满连续相——水,打开液位调节阀,使塔内水液面在上部沉降段的1/2处。再开启分散相——煤油,并使水和煤油的流量比控制在1:1左右。

（4）开启直流调速器调节电压在70V,使塔内中心轴作往复运动。

（5）调节液位调节阀,使液—液界面维持在合适的高度。

（6）稳定后取塔顶的分散相,分析其组成。

（7）维持水和煤油的流量不变,调节直流调速电压,分别在100V和130V重复操作。

2. 注意事项

（1）转子流量计所测得的煤油流量,用下式校正。

$$\because \frac{F}{F'} = \sqrt{\frac{\rho'(\rho_f - \rho)}{\rho(\rho_f - \rho')}} \approx \sqrt{\frac{\rho'}{\rho}} = \sqrt{\frac{1000}{800}} \qquad （煤油密度\ \rho = 800\ kg/m^3）$$

$$\therefore \qquad F = \sqrt{\frac{1000}{800}}F' \quad （L/h）$$

式中:F'——流量计读数值;

F——煤油实际流量。

（2）试样的分析,取25mL试样,加蒸馏水稀释,并滴入数滴酚酞溶液振荡,使之充分混合,用标定浓度的NaOH溶液滴定至微红色,记下所用NaOH的体积。

样品的质量分数可用下式计算:

$$x = \frac{N_{NaOH} \cdot V_{NaOH} \cdot M_{苯甲酸}}{V_{油} \cdot \rho_{油} + N_{NaOH} \cdot V_{NaOH} \cdot M_{苯甲酸}} = \frac{122N_{NaOH} \cdot V_{NaOH}}{25 \times 800 + 122N_{NaOH} \cdot V_{NaOH}}$$

五、数据处理要求

（1）列表计算不同频率下的N_{OR}、H_{OR}和η。

（2）通过实验结果,指出本系统的最佳振动频率。

👉 思考题

1. 本实验为什么不宜用水作为分散相?

2. 对于液—液萃取过程,是否外加能量越大越有利?

实验数据记录表

装置号_____   日期_____
实验物料_____   分析用 NaOH 浓度_____
塔高_____m   物料分配系数_____
煤油密度_____kg/m³   苯甲酸相对分子质量_____

参　数 ＼ 次　数					
外加电压/V					
水流量/(L/h)					
料液流量/(L/h)					
萃余相,料液样品/mL					
滴定料液用 NaOH 量/mL					
滴定萃余相用 NaOH 量/mL					

实验 9　蒸发器传热系数的测定

一、实验目的
(1)了解蒸发系统的流程和结构,掌握蒸发器的操作。
(2)测定蒸发器的传热系数。

二、实验原理
蒸发属于间壁传热过程,一般用饱和水蒸气作热源,在管外壁冷凝,被蒸发的溶液则在管内沸腾。根据传热方程有:

$$Q = KS(T - t) \tag{5-59}$$

已知传热速率 Q,传热面积 S,加热蒸汽温度 T 和溶液沸点 t,便可由上式计算传热系数 K。其中传热面积 S 根据蒸发器几何尺寸计算;加热蒸汽温度 T 可根据其压强和饱和水蒸气的 $P-T$ 关系确定;沸点可以根据二次蒸汽温度和溶液的沸点升高计算,如果沸点升高可以忽略,则沸点就等于二次蒸汽温度,传热速率 Q 则可根据蒸发器的热平衡计算,即:

$$Q = Dr = Wr' + Fc_P(t - t_0) + Q_L \tag{5-60}$$

式中:D——加热蒸汽的流量,kg/s;
　　r——加热蒸汽的潜热,kJ/kg;
　　W——二次蒸汽的流量,kg/s;
　　r'——二次蒸汽的潜热,kJ/kg;

F—— 进料流量,kg/s;

c_P—— 进料比热容,J/(kg·℃);

t——料液的沸点,℃;

t_0—— 进料温度,℃;

Q_L——热损,kW,当蒸发器保温良好时,Q_L 可忽略不计。

三、实验装置

实验装置如图 5-16 所示,所用蒸发器是降膜式蒸发器。降膜式蒸发器是一种单程型蒸发器,被蒸发溶液在上方进入,由成膜装置分配成膜,沿管壁流下,同时被加热蒸发,至下端即为完成液。料液在高位槽内被加热到接近沸点的温度,借重力流入蒸发器,由一针形阀调节流量,用热水表测定料液流量。加热蒸汽由电加热蒸汽发生器产生,蒸汽发生器出口装有压力表。蒸发器下端排出的气液混合物先在气液分离器内分离,二次蒸汽在冷凝器内冷凝,完成液则排出。二次蒸汽冷凝液的流量用量筒和秒表测定,冷却水流量则用普通水表测量。在仪表板上同时显示进料温度、冷却水进出口温度和高位槽内料液温度。

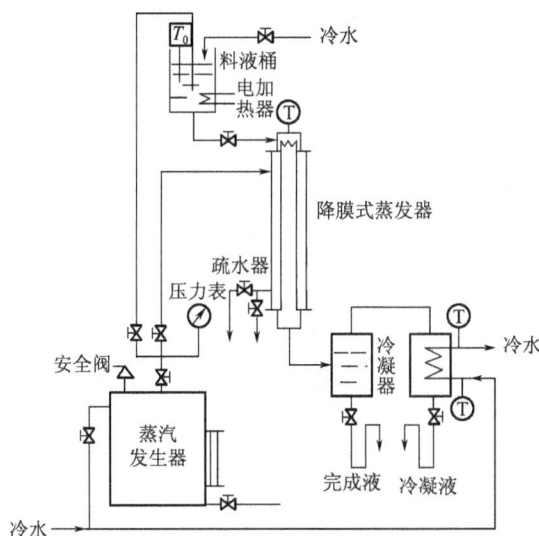

图 5-16 蒸发实验流程图

四、实验方法

(1)往高位槽注水至规定值(进水阀会自动关闭),开启电源使槽内温度控制值定在 99℃。

(2)开启蒸汽发生器电源,待气包内压力达到控制值后,开蒸汽出口阀,向高位槽内通入蒸汽,加快槽内的加热速度。

(3)当高位槽内温度达到 90℃时停止通入蒸汽,让槽内电加热器继续加热。

(4)当高位槽内温度达到控制值后,缓缓开启进料阀,注意流量不要大,同时向蒸发器通入加热蒸汽。

(5)开冷却水阀门,使冷却水进入冷凝器。观察冷却水流量和冷却水进、出口温度。

(6)当进料温度稳定后,测定并记录各个参数:料液流量、二次蒸汽冷凝液的流量和温度、加热蒸汽压力、高位槽温度和进料温度。

(7)实验结束后,停止对高位槽加热。关闭所有阀门,关闭蒸汽发生器和控制柜电源。

五、数据处理要求

(1)列表说明所测参数。

(2)计算蒸发器传热系数。

☞ 思考题

1.为什么高位槽内水温控制在99℃?

2.本实验为常压操作,加热蒸汽应选择在什么范围为宜?

3.若疏水器发生故障,冷凝液不能及时排出,会对实验产生怎样的影响?

实验数据记录表

装置号_____   日期_____   室温_____℃   大气压_____kPa

设备参数:管径_____m   管长_____m

参数 次数	高位槽 温度/℃	进料 温度/℃	蒸汽 压强/MPa	冷凝液			料　液	
				体积/L	时间/s	温度/℃	体积/L	时间/s
1								
2								
3								
4								

实验 10　膜分离

一、实验目的

(1)了解膜分离技术的原理和特点。

(2)熟悉超滤膜分离的主要工艺参数。

(3)掌握超滤膜的实验操作技能。

二、实验原理

通常以压力差为推动力的液相膜分离的方法有反渗透(RO)、纳滤(NF)、超滤(UF)和微滤

（MF）等,图 5 – 17 是各种渗透膜对不同物质的截留示意图。

对于超滤而言,一种被广泛用来形象地分析超滤膜分离机理的说法是"筛分"理论,该理论认为,膜表面具有无数微孔,这些不同孔径的孔像筛子一样,截留住直径大于孔径的溶质或颗粒,从而达到分离溶质或颗粒的目的。超滤膜分离具有无相变、设备简单、效率高、占地面积小、操作方便、能耗少和适应性强等优点。

最简单的超滤器工作原理（图 5 – 18）:在一定的压力作用下,当含有高分子（A）和低分子（B）溶质的混合溶液流过被支撑的超滤膜表面时,溶剂（如水）和低分子溶质（如无机盐类）将透过超滤膜,作为透过物被收集起来,高分子溶质（如有机胶体）则被超滤膜截留而作为浓缩液被回收。

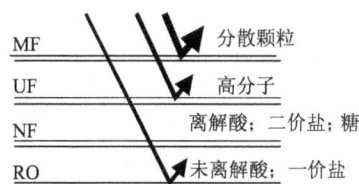

图 5 – 17　各种渗透膜对不同物质的截流示意图

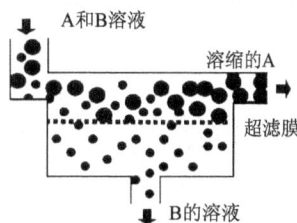

图 5 – 18　超滤器工作原理示意图

超滤膜多数为非对称膜,由一层极薄的（通常为 $0.1 \sim 1 \mu m$）、具有一定孔径的表皮层和一层较厚的（通常为 $125 \mu m$）、具有海绵状或网状结构的多孔层组成。表皮层起到筛分作用,多孔层起到支撑作用。

超滤膜分离的工作效率以膜通量和组分截留浓缩因子作为衡量指标,各指标定义如下。

（1）透过液通量（J）:

$$J = \frac{V}{S\theta} \tag{5-61}$$

式中:V——渗透过膜的液体体积,L;

S——膜面积,m^2;

θ——实验时间,h。

（2）截留率（R）:

$$R = \frac{c_0 - c_1}{c_0} \times 100\% \tag{5-62}$$

式中:c_0——原料液初始浓度,mg/L;

c_1——透过液浓度,mg/L。

（3）浓缩倍数（N）:

$$N = \frac{c_2}{c_0} \tag{5-63}$$

145

式中:c_2——浓缩液浓度,mg/L。

(4)溶质回收率(η):

$$\eta = \frac{浓缩液中溶质的量}{原料液中溶质的量} \times 100\% \qquad (5-64)$$

超滤时,料液中的部分大分子会被膜截留,在膜表面积聚,其浓度逐渐上升,膜面附近与料液主体形成浓度梯度,在此浓度梯度作用下膜面附近的大分子又以相反方向向料液主体扩散,达到平衡时,膜表面形成有一定大分子浓度分布的边界层,对溶剂等小分子物质的运动起阻碍作用,这种现象称为膜的浓差极化。

膜污染是指物料中的微粒、胶体或大分子由于机械作用或物理化学作用,而引起的在膜表面或膜孔内吸附或沉积造成膜孔径变小或孔堵塞,使膜通量和膜的分离特性产生不可逆转的现象。

三、实验装置

本实验采用超滤膜分离牛血清蛋白溶液,实验装置主要由膜组件、料液泵、压力表和料液储槽所组成,连接管道采用 $\phi 6$ 不锈钢管,各主要部件组合如图 5-19 所示。

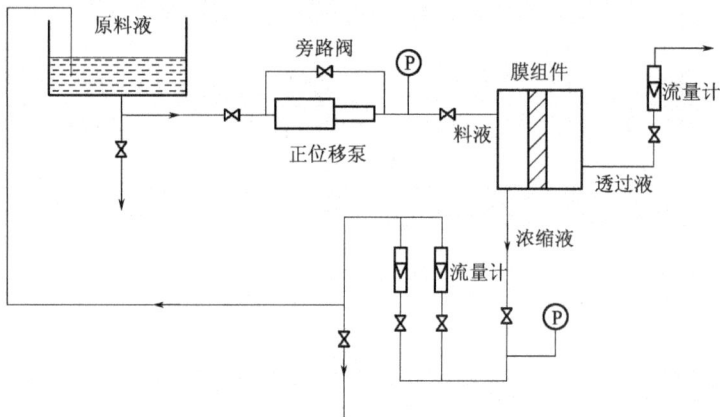

图 5-19　膜分离实验流程图

本实验将料液经泵送到超滤膜组件,料液被分离,一部分是透过膜的稀溶液,该稀溶液的流量可以用量筒配合秒表测取;另一部分是未透过膜的溶液(浓度高于料液),它们回到料液储槽。主要分析仪器是 755 型紫外—可见光分光光度计,用于测定溶液浓度。

四、实验方法

1. 准备工作

(1)配制 1% ~5% 的甲醛溶液作为保护液。

(2)配制 1mg/mL 的牛血清蛋白溶液。

(3)755 型紫外—可见光分光光度计通电预热 20min 以上。

(4)测定标准工作曲线。

2. 实验步骤

(1)打开阀门,用自来水清洗膜组件 2～3 次,然后放尽液体。

(2)检查实验系统阀门开关状态,使系统各部位的阀门处于正常运转状态。

(3)进行纯水过滤。在流量一定的条件下,测定不同压差($\Delta p = 0.1 MPa$,$0.2 MPa$,$0.3 MPa$,$0.4 MPa$)时的超滤通量 J,绘制 J—Δp 曲线。

(4)以 1mg/mL 左右的牛血清蛋白溶液为料液,在流量一定的条件下,测取 $\Delta p = 0.05 MPa$,$0.1 MPa$,$0.2 MPa$ 和 $0.3 MPa$ 时的超滤通量 J,绘制 J—Δp 曲线。

(5)在进行上述(4)的测定时,同时分析料液、透过液和浓缩液中牛血清蛋白的浓度,计算截留率 R 和浓缩倍数 N。

(6)清洗膜组件。待膜组件中的表面活性剂溶液放尽之后,用自来水代替原料液在较大流量下运转 20min 左右,清洗膜组件中残余表面活性剂溶液。完毕后即可停泵。

(7)将 755 型紫外—可见光分光光度计石英比色皿清洗干净,放在指定位置,切断分光光度计的电源。

3. 注意事项

(1)755 型紫外—可见光分光光度计需通电预热 20min 以上使用。实验完成后应将石英比色皿清洗干净,并切断分光光度计电源。

(2)纯水过滤时,先开启料液泵,将泵的出口流量调节到预定的数值,然后用出口阀调节操作压力在恒定值。当稳定操作 15min 后,方可测定透过液的通量 J。

(3)料液配制时,应将牛血清蛋白与水完全溶解后再加到料液储槽中,并取样分析蛋白浓度。当稳定操作 30min 后,分别用量筒和秒表测定透过液和浓缩液的通量并取样分析各自的浓度。

(4)膜组件耐压为 0.5MPa,操作中必须注意压力表的数值。通常隔膜泵的流量维持恒定,通过细心调节出口的微调阀来调节压力,严禁超压。

(5)每调节一个 Δp 后,均需稳定一段时间,稳定后的通量才是相应 Δp 下的 J。为节省实验时间,Δp 宜从高做到低。

(6)测定完成后,需清洗膜组件。方法是在料液储槽中放入自来水代替原料液,在较大流量下运转 20min 左右,清洗膜组件中残留的蛋白质溶液。然后拆开膜组件,取下超滤膜。超滤膜必须用清水细心洗净,然后放在盛有 1% 甲醛溶液的玻璃器皿内,使超滤膜始终保持湿润,待下次实验时,再用清水洗净后,装入膜组件内。

五、数据处理要求

(1)在坐标纸上绘制 R—Δp ,J—Δp 的关系曲线。

(2)计算回收率 η、浓缩因子 N。

☞ **思考题**

1. 膜分离过程中,流体的流动与板框压滤机过滤中流体的流动有何不同?

2. 超滤膜长期不用时,为何要放入甲醛水溶液中加以保护?

3. 在实验中,如果操作压力过高会有什么结果?

4. 提高料液的温度对膜通量有什么影响? 为什么?

实验数据记录表

装置号＿＿＿＿＿＿　　日期＿＿＿＿＿＿

大气压＿＿＿＿＿kPa　室温＿＿＿＿＿℃　膜面积＿＿＿＿＿m²

参 数 次 数	纯　水				溶　液						
	操作 压强/ MPa	原料液 流量/ (L/h)	透过液 体积/L	时间/ s	操作 压强/ MPa	浓度/(mg/L)			原料液 流量/ (L/h)	透过液 体积/ L	时间/s
						原料液	浓缩液	透过液			

实验 11　浸取(固—液萃取)

一、实验目的

(1)掌握间歇式浸出器的操作方法。

(2)测定间歇式浸出器的级效率及其与浸出时间的关系。

二、实验原理

浸取(又称固—液萃取)是从固体物料中提取某一组分的单元操作,在食品工业中,浸取是常见而重要的单元操作。油料种子的浸取,甜菜的浸取,速溶咖啡、速溶茶、香料、色素、植物蛋白、鱼油、肉汁和玉米淀粉的制取等,都要应用浸取操作。

1. 影响浸取操作浸出速率的因素

在浸取操作中,影响浸出速率的主要因素有:

（1）可浸出物质的含量：物料中可浸出物质的含量高，浸出的推动力就大，从而浸出速率就快；

（2）物料的形状和大小：减小物料的几何尺寸，可以增大固—液接触的表面积，同时减小可浸出物质从物料内部到表面的扩散距离；

（3）温度：温度的增加，有利于可浸出物质的溶解，同时可以提高物质的扩散速率；

（4）溶剂：浸出速率与可浸出物质在溶剂中的溶解度、溶剂的黏度、溶剂和溶质分子间的亲和力有关。

由于浸取操作原料的多样性，其组织和成分极其复杂，而且原料质量又因品种、成熟度、气候、产地及储藏条件的影响而异，因此，浸取操作的原理尚难以用理论来描述，许多问题的解决主要还是依靠经验或半经验的办法来解决。

2. 浸取操作的方式

浸取操作通常采用三种基本方式，即单级间歇式、多级接触式和连续接触式。本实验采用单级间歇式操作，这种方式使用单一的浸取罐，有的每次都使用新鲜溶剂，也有的将浸出液从浓到稀分成若干组（一般 2～3 组）作为溶剂，按顺序分段进行浸出，最后阶段才使用新鲜溶剂。在单级间歇式浸取操作中，固体物料与溶剂在浸取罐内充分接触，固体物料内的溶质溶于溶剂中，浸取的传质过程为一扩散过程，若固体物料内部的溶质浓度（以液相计算）与浸取液中溶质浓度相等，此时的浸取级称为平衡级。实际的浸取级一般达不到平衡，实际级与平衡级之间的差异用级效率表示：

$$\eta = \frac{y - y_0}{y^* - y_0} \tag{5-65}$$

式中：y_0——开始浸取时溶剂的浓度；

　y^*——达到平衡时的浸取液浓度；

　　y——实际浸取液浓度。

对于单级间歇式浸取罐，级效率为浸出时间的函数。当浸出时间为无限长时，浸取级就成为平衡级。在实际操作中，浸出时间总是有限的，因此，浸出时间与级效率的关系是浸取罐设计和放大中的一个重要考虑因素。

本实验中用茶末作为物料，水作为溶剂，测定浸出时间与级效率的关系。

三、实验装置

浸取系统由保温水槽、浸取罐、浸取剂料桶和泵所组成，实验装置如图 5-20 所示。浸取罐主体是一个圆柱形筒体，内装有一个圆柱形不锈钢篮子，篮子底部为多孔筛板，筒体上方也有多孔筛板，被浸取物料放于篮子中。装料或卸料时，拿走压在上方的多孔筛板，取出篮子进行装料或卸料。筒体带有保温夹套，用一定温度的水循环保温，以维持浸取温度。保温循环水由保温水槽制备，保温水槽装有电加热器和温度控制仪表。浸取剂料桶也装有电加热器和温度控制仪表，在实验开始时和实验进行中加热和维持浸取剂在所设定的浸取温度。浸取剂用旋涡泵在浸取罐底部送入,在顶部排出,并作循环。浸取罐底部有取样阀。

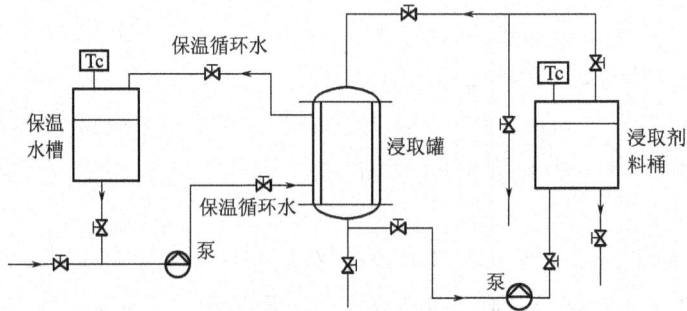

图 5 - 20　浸取实验流程图

四、实验方法

1.操作步骤

(1)打开浸取罐顶盖,称取一定量茶末放入浸取罐中。

(2)按照所称取茶末的质量和设定的浸取固—液比确定水(浸取剂)用量,加入浸取剂料桶内。

(3)接通电源,将循环水和浸取剂加热到预定温度。

(4)打开循环水阀,启动水泵,使保温循环水在浸取罐夹套内循环。

(5)打开浸取剂入口阀,启动浸取剂循环泵将浸取剂送入浸取罐,并使浸取剂作循环。

(6)在设定的各取样时间,打开取样阀,对浸取液进行取样、分析。

(7)实验结束,关闭电源,清洗设备,恢复原状。

2.试样分析

试样的分析按照 GB/T 8313—2008《茶多酚测定》进行,准确吸取待测溶液 1mL,注入 25mL 的容量瓶中,加水 4mL 和酒石酸亚铁溶液 5mL,充分混合,再加 pH = 7.5 的磷酸盐缓冲液至刻度,用 10mL 比色杯,在波长 540nm 处,以试剂空白溶液作参比,测定吸光度 A。茶多酚的含量,按下式计算:

$$y = A \times 1.957 \times 2 \times 0.001 \times K \tag{5-66}$$

式中:y——茶多酚的含量,kg/L;

　　A——试样的吸光度;

　　K——与浸取固—液比有关的系数。

当用纯溶剂浸取时,级效率可用下式计算:

$$\eta = \frac{y - y_0}{y^* - y_0} = \frac{y}{y^*} = \frac{A}{A^*} \tag{5-67}$$

式中:A——试样的吸光度;

　A^*——达到平衡时浸取液的吸光度。

分析所用的酒石酸亚铁溶液和 pH = 7.5 的磷酸盐缓冲液由实验室预先按 GB/T 8313—2008 配制,达到平衡时浸取液的吸光度 A^* 也由实验室对一批茶末预先测定后提供。

五、数据处理要求

列表汇总原始数据和计算结果,并写出计算示例。

☞ 思考题

1. 在本实验中,影响浸出速率的主要因素有哪些?

2. 溶质从物料内部进入溶剂的传质要经过哪些步骤? 什么是控制步骤?

3. 要改善浸取操作,可采取哪些措施?

实验数据记录表

装置号_____　　日期_____

大气压_____kPa　　循环水温度_____℃　　浸取剂温度_____℃

物料质量_____g　　浸取固—液比_____　　浸取剂用量_____mL

达到平衡时浸取液的吸光度 A^* _____

参　数　＼　次　数	1	2	3	4	5	6	7	8
浸取时间/min								
吸光度 A								

第六章　演示实验

演示实验 1　雷诺实验

一、实验目的
(1) 直观地了解层流和湍流的两种流动形态。
(2) 加深"层流和湍流与 Re 之间有一定联系"概念的理解。

二、实验原理
1883 年著名的雷诺(Reynolds)实验揭示出流动的两种截然不同的形态:层流(或滞流)和湍流(或紊流)。湍流与层流的最根本区别是:湍流有径向脉动速度,层流是有规则的、层次分明的运动。

对管流而言,实验表明流动的几何尺寸管径 d、流动的平均速度 u 及流体性质(密度 ρ 和黏度 μ)对流型从层流到湍流的转变有影响。雷诺发现,可以将这些影响因素综合成一个无量纲的数群 $\dfrac{du\rho}{\mu}$ 作为流型的判据,此数群被称为雷诺准数,以符号 Re 表示。雷诺指出对于流体在管内的流动有:

(1) 当 $Re < 2000$ 时,必定出现层流,此为层流区;
(2) 当 $2000 < Re < 4000$ 时,有时出现层流,有时出现湍流,依赖于环境,此为过渡区;
(3) 当 $Re > 4000$ 时,一般都出现湍流,此为湍流区。

三、实验装置
实验装置如图 6-1 所示,高位溢流槽里的水稳定地流入玻璃管,槽内的水由自来水管供应,水量由阀门控制,槽内设有进水稳流装置及溢流箱,用以维持平稳恒定的液面,多余的水从溢流管排入水沟。演示时打开阀门,水即从高位槽进入玻璃管,经转子流量计后,流向排水管。高位墨水瓶供贮藏墨水用,墨水由针形阀控制。

四、实验方法
(1) 适当改变阀门开度,观察流体流动的两种现象:层流和湍流。
(2) 维持高位槽液面稳定的情况下,测定不同流动形态的雷诺数。
(3) 测定管中水流从层流转变为湍流时的 Re 临界值,比较和分析下面两种情况的实验

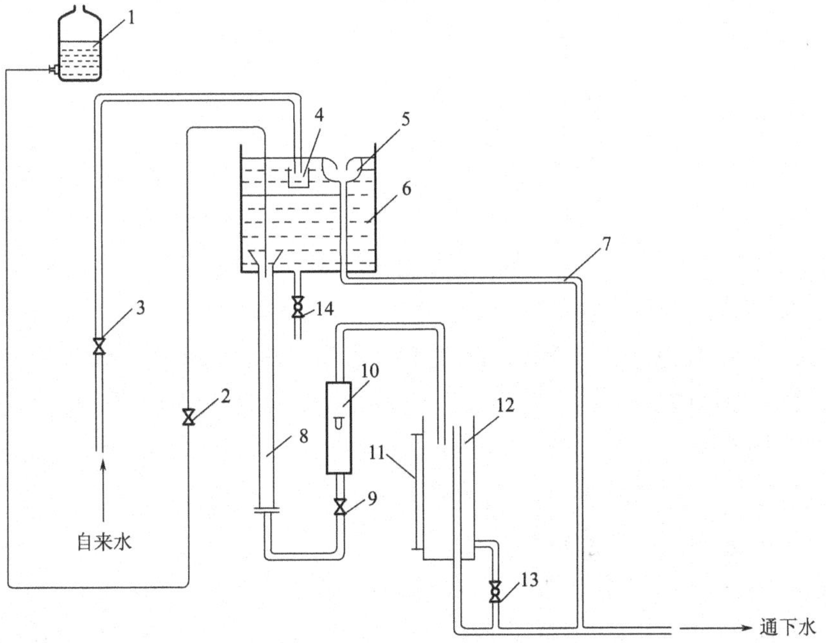

图 6-1　雷诺实验装置流程图

1—高位玻璃瓶　2—着色水流量控制阀　3—进水阀　4—进水稳流装置　5—溢流槽

6—高位水槽　7—溢流管　8—玻璃管　9—水流量控制阀　10—转子流量计

11—液位计　12—计量槽　13—旁路阀　14—排污阀

结果：

①停止水槽的注水以保持液面平静（但随着槽中的水由导管流出，液面高度稍有下降）；

②保持水液面高度不变（在水槽排水的同时，不断注水入槽，在此情况下，液面有扰动）。

☞ **思考题**

1. 影响流体流动形态的因素有哪些？

2. 有人说，可以只用流速来判断管中流体流动形态，流速低于某一具体数值时是层流，高于某一具体数值时是湍流，你认为这种看法是否正确？在什么条件下可以由流速的数值来判断流动形态？

演示实验 2　柏努利方程

一、实验目的

（1）了解流体在管内流动时，静压能、动能、位能之间相互转换的关系，加深对柏努利方程的理解。

（2）了解流体在管内流动时,流体阻力的表现形式。

二、实验原理

流体在流动时,具有三种机械能,即:位能、动能和压强能。这三种能量是可以相互转换的,当管路条件(如位置高低,直径大小)改变时,它们便会转化。如果是黏度为零的理想流体,就不存在因摩擦而产生机械能的损失。同一管路的任何两个截面上,尽管三种机械能彼此不一定相等,但这三种机械能的总和是相等的。

对实际流体来说,因为存在内摩擦,流动过程中总有一部分机械能因摩擦而损失,即转化为热能了。而转化为热能的机械能,在管路中是不能恢复的。这样,对实际流体来说,两个截面上的机械能的总和是不相等的,两者的差额就是流体在这两个截面之间因摩擦转化成为热的机械能。因此,在进行机械能的衡算时,就必须将这部分消失的机械能加到第二个截面上去,其和才等于流体在第一个截面的机械能总和。

上述几种机械能都可以用测压管中的一段液柱的高度表示。在流体力学中,把表示各种机械能的流体柱高度称之为"压头"。表示位能的称为位压头 $H_{位}$;表示动能的称为动压头 $H_{动}$;表示压强能的称为静压头 $H_{静}$;表示损失的机械能的称为损失压头 $H_{损}$。

当测压管上的测压孔平面与水流方向平行(即测压孔平面的法线与水流方向垂直)时,测压管内液面高度(即静压头)反映测压点处液体压强的大小。

测压孔处的液体位压头则由测压孔的几何高度决定。

当测压孔正对水流方向(即测压孔平面的法线与水流方向平行)时,测压管内液位将因此上升。所增加的液位高度,即为测压孔处液体的动压头,它反映出该点水流动能的大小,这时测压管内液位总高度为冲压头,即静压头与动压头之和。

在管道的任何两个截面上,位压头、动压头、静压头三者总和之差,即为损失压头。它表示液体流经这两个截面之间时机械能的损失。

三、实验装置

实验装置如图6-2所示,由玻璃管、静压头测压管、冲压头测压管和水槽组成。管路分成四段,由大小不同的两种规格的玻璃管所组成。管段2的内径约为24mm,其余部分的内径约为13mm,第4段的位置比第3段低5cm,阀供调节流量用。

四、实验方法

观察流动过程中,随着装置中管路的管径与水平位置的变化,静压头与动压头之间的变化情况,并找出规律,验证柏努利方程。

（1）将管路中流量调节阀全打开,流动稳定后读取各截面静压头和冲压头的大小,并记录数据。

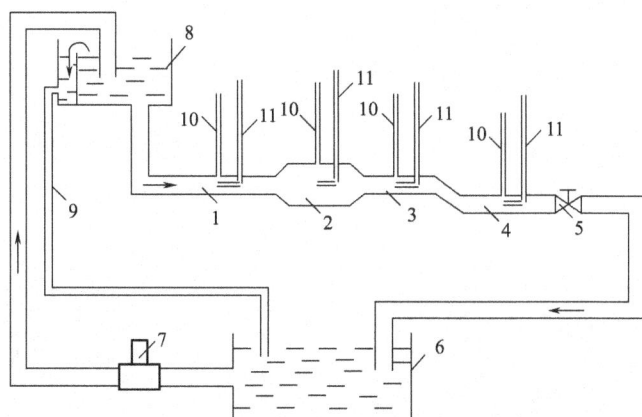

图 6 - 2　柏努利方程演示实验流程图

1,3,4—内径为 13mm 的玻璃管　2—内径为 24mm 的玻璃管　5—流量控制阀　6—循环水槽

7—管路泵　8—高位水槽　9—溢流管　10—静压头测压管　11—冲压头测压管

(2)关小流量调节阀,改变流量,重复上述步骤 6 ~ 8 次。

(3)关闭流量调节阀,实验结束。

☞ 思考题

1.流体流动时,具有哪几种机械能?

2.流体在同一水平高度管道中流动,当管径由小变大时,流体的机械能将发生怎样的变化?

3.关小流量调节阀,各测压管路中的液位将发生怎样的变化?

演示实验 3　旋风分离器

一、实验目的

(1)演示含尘气体通过旋风分离器时,含尘气体、固体尘粒和除尘后气体的运动路线,正确理解和描述旋风分离器的工作原理。

(2)观察旋风分离器内静压强分布,认识出灰口和集尘室良好密封的必要性。

(3)观察进口气速对旋风分离器分离性能的影响,理解适宜操作气速的概念。

二、实验原理

旋风分离器主体上部是圆筒形,下部是圆锥形,进气管在圆桶的旁侧,与圆筒正切(图 6 - 3),对比模型外形与旋风分离器相同,仅是进气管不在圆桶部分的切线上,而安装在径向(图 6 - 4)。

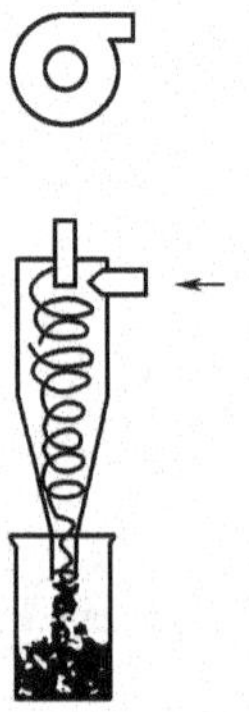

图 6 - 3　旋风分离器 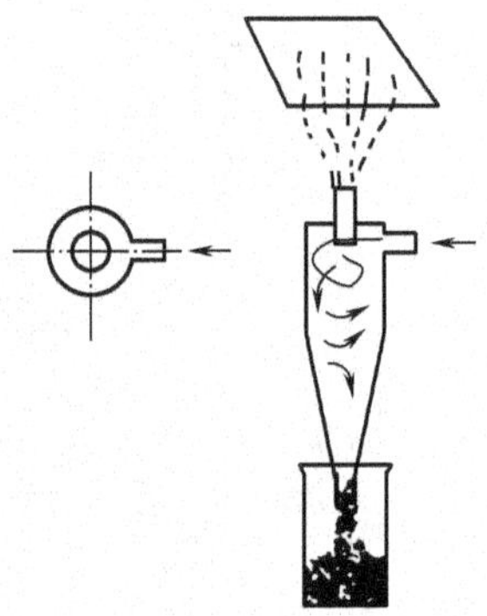　　　　　　　　　图 6 - 4　对比模型

含尘气体由圆筒上部的进气管切向进入,受器壁的约束由上向下做螺旋运动。在惯性离心力作用下,颗粒被抛向器壁,再沿壁面落至锥底的排灰口而与气流分离。净化后的气体在中心轴附近由下而上做螺旋运动,最后由顶部排气管排出,从而达到分离的目的。通常,把下行的螺旋形气流称为外旋流,上行的螺旋形气流称为内旋流(又称气芯)。内、外旋流气体的旋转方向相同,外旋流的上部是主要除尘区。上行的内旋流形成低压气芯,其压力低于气体出口压力,要求出灰口或集尘室密封良好,以防气体漏入而降低除尘效果。如果含尘气体从对比模型的径向管进入管内,则气体不产生旋转运动,因而分离效果很差。

评价旋风分离器性能的主要指标是从气流中分离颗粒的效果及气体经过旋风分离器的压力降。分离效果可用临界粒径和分离效率来表示。

临界粒径是指理论上能够完全被旋风分离器分离下来的最小颗粒直径。临界粒径是判断旋风分离器分离效率高低的重要依据之一。临界粒径越小,说明旋风分离器的分离性能越好。

旋风分离器的分离效率有两种表示法,一是总效率,是指进入旋风分离器的全部颗粒中被分离下来的质量分率,以 η_0 代表;二是分效率,又称粒级效率,按各种粒度分别表明其被分离下来的质量分率,以 η_p 代表。

气流在旋风分离器内的流动情况和分离机理均非常复杂,因此影响旋风分离器性能的因素较多,其中最重要的是物系性质及操作条件。一般说来,颗粒密度大、粒径大、进口气速高及粉尘浓度高等情况均有利于分离。

三、实验装置

实验装置如图 6 - 5 所示,由稳压器、玻璃旋风分离器和对比模型等组成。

四、实验方法

如图 6 - 5 所示,空气(由压缩机供给)经总气阀 1 和过滤减压阀 2、节流孔 4,同时供应给旋风分离器和对比模型。当高速空气通过抽吸器 7 的喷嘴时,使抽吸器形成负压,抽吸器下端杯

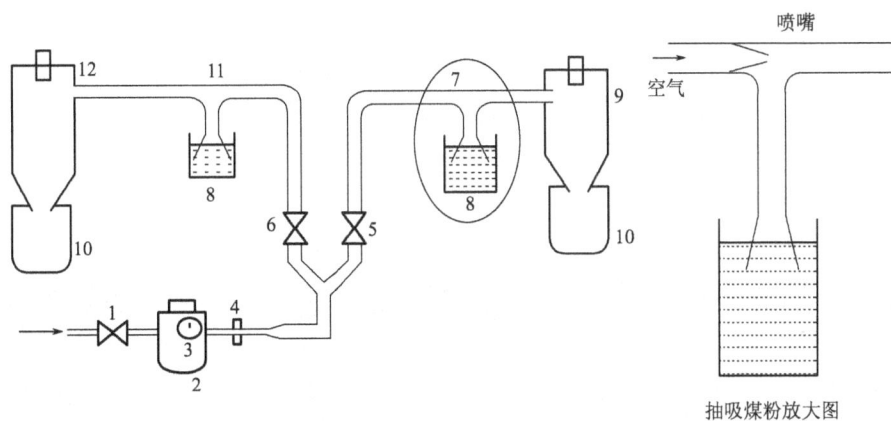

图 6-5　旋风分离器与对比模型流程图

1—总气阀　2—过滤减压阀　3—压力表　4—节流孔　5,6—旋塞
7,11—抽吸器　8—煤粉杯　9—旋风分离器　10—灰斗　12—对比模型

子中的煤粉就被气流带入系统与气流混合成为含尘气体进入旋风分离器9进行分离,这时可以清楚地看见煤粉旋转运动的形状,一圈一圈地沿螺旋形流线落入灰斗内,从旋风分离器出口排出的空气清洁无色。然后,将煤粉杯移到对比模型的抽吸器11下方,当含煤粉的空气进入模型内就可以看见气流是混乱的,由于缺少离心力的作用所以煤粉的分离效果差,一些粒度较小的煤粉没沉降下来而随气流从出口喷出,可以看见出口冒黑烟,如果用白纸挡在模型出口的上方,白纸会被煤粉熏黑。

(1)观察固体尘粒在旋风分离器内的运动路线。

(2)在较大的操作气速下,观察旋风分离器内静压强的分布。

(3)观察分离效果随气速的变化规律。

☞ **思考题**

1.气体中的固体尘粒在旋风分离器内具有怎样的运动路线?

2.评价旋风分离器性能的主要指标是什么?

3.影响旋风分离器分离效率的主要因素有哪些?

演示实验4　热边界层

一、实验目的

通过观察流体流经固体壁面所产生的边界层及边界层分离的现象,加强对边界层的感性认识。

二、实验原理

气体对光的折射率有下列关系：

$$(n-1)\frac{1}{\rho} = 恒量$$

式中：n——气体折射率；

ρ——气体密度。

由于边界层内气体的密度与边界层外的气体密度不同，则折射率也不同，利用折射率的差异可以观察边界层。

模型被加热后就有自下而上的空气对流运动，模型壁面上存在着层流边界层。因为层流边界层传热情况很差，层内温度远高于周围空气的温度而接近模型壁面温度，用热电偶测出模型壁面温度有350℃。点光源的光线从离模型几米远的地方射向模型，它以很小的入射角 i 射入边界层(图6-6)。如果光线不偏折，它应投到 b 点，但现在由于高温空气折射率不同，光线产生偏折，出射角 r 大于入射角。射出光线在离开边界层时再产生一些偏折后投射到 a 点，在 a 点上原来已经有背景的投射光，加上偏折的折射光后便显得特别明亮。无数亮点组成图形，就反映了边界层的形状。此外，原投射位置(b 点)因为得不到投射光线，所以显得较暗，形成暗区。这个暗区也是由边界层折射现象引起的，因此也代表边界层的形状。

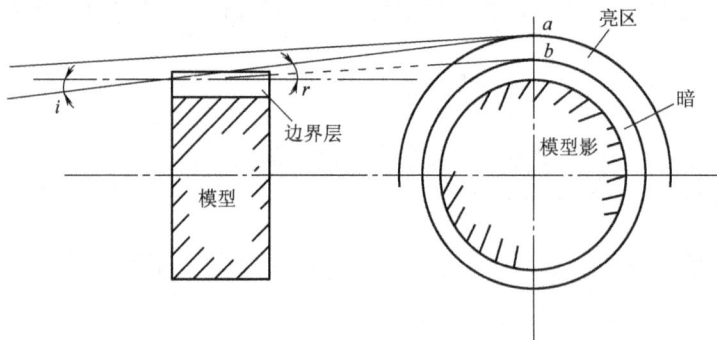

图6-6　光线折射图

三、实验装置

本实验采用 ZRB—1 型边界层仪，它由点光源、热模型和屏三部分组成，如图6-7所示。

四、实验方法

从边界层仪可以清楚地演示出流体流经圆柱体的层流边界层影像(图6-8)。圆柱底部由于气流动压的影响，边界层最薄，愈往上部，边界层愈厚，最后产生边界层分离，形成旋涡。仪器

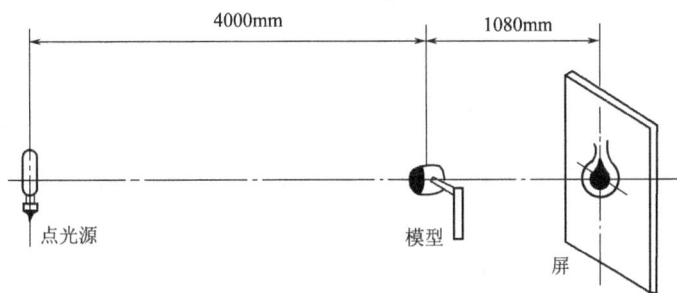

图 6-7　ZRB—1 型边界层仪

还可演示边界层的厚度随流体速度的增加而减薄的现象,我们对模型吹气,就会看到迎风一侧边界层影像的外沿退到模型壁上,表示边界层厚度减薄(图 6-9)。

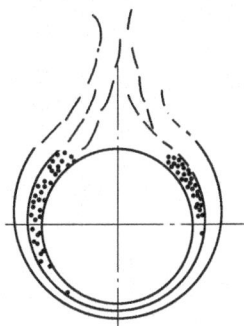

图 6-8　层流边界层影像　　　　　图 6-9　迎风一侧边界层减薄

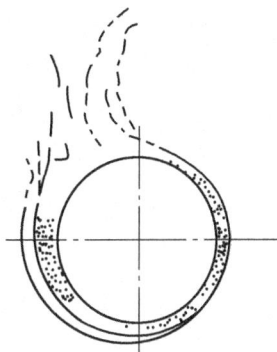

☞ **思考题**

　　1. 利用边界层仪可以看到流体流经固体壁面时所产生的边界层影像,边界层仪成像的原理是什么?

　　2. 流体流经固体壁面时,流速的大小对边界层的厚薄有什么影响?

　　3. 在对流传热中,流体流经固体壁面时所产生的边界层对传热速率有怎样的影响?

演示实验 5　板式塔流体力学性能

一、实验目的

(1)观察筛板塔正常操作时塔板上气液两相的接触状况,同时观察不正常的流动——漏液、雾沫夹带及液泛现象。

(2)观察浮阀塔漏液情况,浮阀的浮升程度与气流的关系。

二、实验原理

板式塔为逐级接触的气—液传质设备,当液体从上层塔板经降液管流经塔板与气体形成错流通过塔板时,由于塔板上装有一定高度的堰,使塔板上保持一定的液层,越过溢流堰从降液管流到下层塔板。气体由于压差从下一层塔板经筛孔或浮阀、泡罩齿缝等上升,穿过液层,形成气液混合物,进行气液接触,然后又与液体分开,继续上升到上一层塔板。塔板传质的好坏很大程度取决于塔板上的流体力学状况。

1. 塔板上气液两相接触状态

为了研究塔板上流体力学状况,一般用空气—水体系,在塔板冷模装置上进行实验,观察塔板气液的接触情况。一般说来,在气液接触过程中,随着气流速度的变化,大致有如下三种状态:

(1)鼓泡接触状态。当气流速度较低时,气体通过筛孔时断裂成气泡在板上液层中浮升。这时形成的气液混合物基本上以液体为主,气泡占的比例较小,气液两相呈鼓泡接触状态。塔板上存在明显的清液层,气体以气泡形态分散在清液层中间,气液两相在气泡表面进行传质。

(2)泡沫接触状态。当气速增加,气液两相呈泡沫接触状态,此时塔板上清液层明显变薄,只有在塔板表面处才能看到清液,清液层随气速增加而减少,塔板上存在大量泡沫,液体主要以不断更新的液膜形态存在于十分密集的泡沫之间,气液两相以液膜表面进行传质。

(3)喷射接触状态。当气速继续增加,由于气体动能很大,不能形成气泡,而把液体喷成液滴抛起,直径较大液滴因为重力作用又落到塔上,直径较小液滴容易被气流带走形成雾沫夹带,这种气液接触状态称为喷射状态。在喷射接触情况下,气流速度很大,液体分散较好,对传质传热是有利的,但产生过量雾沫夹带时,会影响和破坏传质过程。

2. 塔板上的不正常流动

塔板上的不正常操作现象有漏液、雾沫夹带、液泛等。

(1)漏液。当塔板在低气流速度下操作时,气体通过塔板为克服开孔处的液体表面张力及液层摩擦阻力所形成的压强降,不能抵消塔板上液层的重力,因此液体将会穿过塔板上的开孔往下漏,即产生漏液现象。

(2)雾沫夹带。是指液滴被气流从一层塔板带到上一层塔板,引起液相返混的现象,雾沫夹带通常在高气速时产生。

(3)液泛。当塔板上液体量很大、上升气体速度很快时,塔板压降很大,液体来不及从降液管向下流动,于是液体在塔板上不断积累,液层不断上升,使整个塔板空间都充满气液混合物,此即为液泛现象。液泛发生后完全破坏了气液的多次逆流接触,使塔失去分离效果。

三、实验装置

本装置由有机玻璃筒体、鼓风机、压差计、液封装置等组成。塔内装有筛板、浮阀塔板结构,板上设有降液管、溢流堰等。如图 6 – 10 所示。

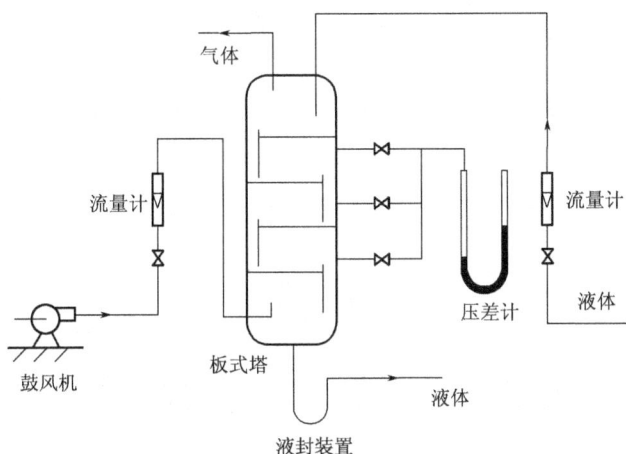

图6-10 板式塔流体力学性能装置图

四、实验方法

演示前可先供水,开启鼓风机,气阀处于半开位置,让筛板充分润湿。演示时,采用固定的水流量,改变气速,以演示各种气速时的运行状况。

(1)逐渐加大气速,当气速达到最大值时,观察到泡沫液层变高,并且有大量液滴从泡沫层上方往上冲,此即雾沫夹带。雾沫夹带分率超过 0.15 时,便属不正常状态。随着气速的增加,还可看到塔板之间的空间为泡沫液层充满、板间压降骤增、降液管液体不能顺利流出、液面上升、漫至管口的堰顶,发生淹塔(即液泛)。

(2)逐渐关小气阀。这时飞溅的液滴明显减少,泡沫层的高度适中,气泡很均匀,表示气液接触状态良好,是塔板正常运行状态。

(3)进一步减少气速。当气速很小时,泡沫层明显减少,气液呈鼓泡接触状态。因为鼓泡少,气液两相接触面积大大减少。显然,这是筛板塔不正常操作状态。

(4)慢慢关小气阀。这时液体从筛孔中漏出,这就是筛板的漏液点。整个演示过程还可以从 U 形压差计上读出各个操作状态下的板压降。

(5)固定气速,增大液体量,再次观察淹塔现象。

☞ **思考题**

1.水流量过小或过大对实验现象有何影响?

2.是否可用增大气速的方式完全防止漏液,这样做会带来什么后果?

3.什么是液泛现象?哪些因素会引起塔内液泛?

4.比较泡罩板、筛板、浮阀板各有何优劣?

5.塔板上的气液接触状态有几种?设计中如何选择?

6.塔板上溢流形式有哪几种?如何确定?

参考文献

[1] 夏清,陈常贵,姚玉英. 化工原理(上、下册)[M]. 天津:天津大学出版社,2005.

[2] 陈敏恒,丛德滋,方图南,等. 化工原理(上、下册). 3 版.[M]. 北京:化学工业出版社,2005.

[3] 冯骉. 食品工程原理[M]. 北京:中国轻工业出版社,2006.

[4] 马江权,魏科年,杨德明,等. 化工原理实验[M]. 上海:华东理工大学出版社,2008.

[5] 陈寅生. 化工原理实验及仿真[M]. 上海:东华大学出版社,2005.

[6] 史贤林,田恒水,张平. 化工原理实验[M]. 上海:华东理工大学出版社,2005.

[7] 王建成,卢燕,陈振. 化工原理实验[M]. 上海:华东理工大学出版社,2007.

[8] 张金利,张建伟,郭翠梨,等. 化工原理实验[M]. 天津:天津大学出版社,2005.

[9] 王雅琼,许文林. 化工原理实验[M]. 北京:化学工业出版社,2005.

[10] 张承红,陈国华. 化工实验技术[M]. 重庆:重庆大学出版社,2007.

[11] 杨虎,马燮. 化工原理实验[M]. 重庆:重庆大学出版社,2008.

[12] 汪学军,李岩梅,楼涛. 化工原理实验[M]. 北京:化学工业出版社,2009.

[13] 徐伟. 化工原理实验[M]. 济南:山东大学出版社,2008.

[14] 熊楚安,江传力,孔小红. 化工原理实训教程[M]. 徐州:中国矿业大学出版社,2008.

[15] 陈均志,李磊. 化工原理实验及课程设计[M]. 北京:化学工业出版社,2008.

[16] 刘茉娥. 膜分离技术[M]. 北京:化学工业出版社,2000.

附　录

一、水的物理性质

温度 $t/℃$	压力 P/kPa	密度 $\rho/$ (kg/m^3)	焓 $i/(J/kg)$	比热容 $c_p/[kJ/$ $(kg \cdot K)]$	热导率 $\lambda/[W/$ $(m \cdot K)]$	导温系数 $\alpha \times 10^6/$ (m^2/s)	动力黏度 $\mu/\mu Pa \cdot s$	运动黏度 $\nu \times 10^6/$ (m^2/s)	体积膨胀系数 $\beta \times 10^3/$ K^{-1}	表面张力 $\sigma/$ (mN/m)	普朗 特数 Pr
0	101	1000	0	4.212	0.551	0.131	1788.0	1.789	−0.063	75.61	13.67
10	101	1000	42	4.191	0.574	0.137	1305.0	1.306	0.07	74.14	9.52
20	101	998	83.9	4.183	0.599	0.143	1004.0	1.006	0.182	72.67	7.02
30	101	996	126	4.174	0.617	0.149	801.2	0.805	0.321	71.60	5.42
40	101	992	166	4.174	0.633	0.153	653.2	0.659	0.387	69.63	4.31
50	101	988	209	4.174	0.647	0.157	549.2	0.556	0.449	67.67	3.54
60	101	983	211	4.178	0.659	0.161	469.8	0.478	0.511	66.20	2.98
70	101	978	293	4.167	0.667	0.163	406.0	0.415	0.57	64.33	2.55
80	101	972	335	4.195	0.674	0.166	355.0	0.365	0.632	62.57	2.21
90	101	965	377	4.208	0.68	0.168	314.8	0.326	0.695	60.71	1.95
100	101	958	419	4.22	0.682	0.169	282.4	0.295	0.752	58.84	1.75
110	143	951	461	4.233	0.684	0.170	258.9	0.272	0.808	56.88	1.60
120	199	943	504	4.25	0.686	0.171	237.3	0.252	0.864	54.82	1.47
130	270	935	546	4.266	0.686	0.172	217.7	0.233	0.917	52.86	1.36
140	362	926	589	4.287	0.684	0.173	201.0	0.217	0.972	50.70	1.26
150	476	917	632	4.312	0.683	0.173	186.3	0.203	1.03	48.64	1.17
160	618	907	675	4.346	0.682	0.173	173.6	0.191	1.07	46.58	1.10
170	792	897	719	4.379	0.679	0.173	162.8	0.181	1.13	44.33	1.05
180	1003	887	763	4.417	0.674	0.172	153.0	0.173	1.19	42.27	1.00
190	1255	876	808	4.46	0.669	0.171	144.2	0.165	1.26	40.01	0.96
200	1555	863	852	4.505	0.662	0.170	136.3	0.158	1.33	37.66	0.93
210	1908	853	898	4.555	0.655	0.169	130.4	0.153	1.41	35.40	0.91
220	2320	840	944	4.614	0.665	0.166	124.6	0.148	1.48	33.15	0.89
230	2798	827	990	4.681	0.637	0.164	119.7	0.145	1.59	30.99	0.88

续表

温度 $t/℃$	压力 P/kPa	密度 $\rho/$ (kg/m^3)	焓 $i/(J/kg)$	比热容 $c_p/[kJ/ (kg\cdot K)]$	热导率 $\lambda/[W/ (m\cdot K)]$	导温系数 $\alpha\times10^6/ (m^2/s)$	动力黏度 $\mu/\mu Pa\cdot s$	运动黏度 $\nu\times10^6/ (m^2/s)$	体积膨胀系数 $\beta\times10^3/ K^{-1}$	表面张力 $\sigma/ (mN/m)$	普朗特数 Pr
240	3348	814	1037	4.756	0.628	0.162	114.7	0.141	1.68	28.54	0.87
250	3978	799	1086	4.844	0.627	0.159	109.8	0.137	1.81	26.19	0.86
260	4695	784	1135	4.949	0.604	0.156	105.9	0.135	1.97	23.73	0.87
270	5506	768	1185	5.07	0.589	0.151	102.0	0.133	2.16	21.48	0.88
280	6420	751	1236	5.229	0.574	0.146	98.1	0.131	2.37	19.12	0.90
290	7446	732	1290	5.485	0.558	0.139	94.2	0.129	2.62	16.87	0.93

二、饱和水蒸气(以压强为准)

绝对压强/ kPa	温度/$℃$	蒸汽的比体积/ (m^3/kg)	蒸汽的密度/ (kg/m^3)	焓(液体)/ (kJ/kg)	焓(蒸汽)/ (kJ/kg)	汽化热/ (kJ/kg)
1.0	6.3	129.37	0.00773	26.48	2503.1	2476.8
1.5	12.5	88.26	0.01133	52.26	2515.3	2463.0
2.0	17.0	67.29	0.01486	71.21	2524.2	2452.9
2.5	20.9	54.47	0.01836	87.45	2531.8	2444.3
3.0	23.5	45.52	0.02179	98.38	2536.8	2438.4
3.5	26.1	39.45	0.02523	109.30	2541.8	2432.5
4.0	28.7	34.88	0.02867	120.23	2546.8	2426.6
4.5	30.8	33.06	0.03205	129.00	2550.9	2421.9
5.0	32.4	28.27	0.03537	135.69	2554.0	2418.3
6.0	35.6	23.81	0.04200	149.06	2560.1	2411.0
7.0	38.8	20.56	0.04864	162.44	2566.3	2403.8
8.0	41.3	18.13	0.05514	172.73	2571.0	2398.2
9.0	43.3	16.24	0.06156	181.16	2574.8	2393.6
10	45.3	14.71	0.06798	189.59	2578.5	2388.9
15	53.5	10.04	0.09956	224.03	2594.0	2370.0
20	60.1	7.65	0.13068	251.51	2606.4	2354.9
30	66.5	5.24	0.19093	288.77	2622.4	2333.7
40	75.0	4.00	0.24975	315.93	2634.1	2312.2
50	81.2	3.25	0.30799	339.80	2644.3	2304.5
60	85.6	2.74	0.36514	358.21	2652.1	2293.9
70	89.9	2.37	0.42229	376.61	2659.8	2283.2

绝对压强/ kPa	温度/℃	蒸汽的比体积/ (m³/kg)	蒸汽的密度/ (kg/m³)	焓（液体）/ （kJ/kg）	焓（蒸汽）/ （kJ/kg）	汽化热/ （kJ/kg）
80	93.2	2.09	0.47807	390.08	2665.3	2275.3
90	96.4	1.87	0.53384	403.49	2670.8	2267.4
100	99.6	1.70	0.58961	416.90	2676.3	2259.5
120	104.5	1.43	0.69868	437.51	2684.3	2246.8
140	109.2	1.24	0.80758	457.67	2692.1	2234.4
160	113.0	1.21	0.82981	473.88	2698.1	2224.2
180	116.6	0.988	1.0209	489.32	2703.7	2214.3
200	120.2	0.887	1.1273	493.71	2709.2	2204.6
250	127.2	0.719	1.3904	534.39	2719.7	2185.4
300	133.3	0.606	1.6501	560.38	2728.5	2168.1
350	138.8	0.524	1.9074	583.76	2736.1	2152.3
400	143.4	0.463	2.1618	603.61	2742.1	2138.5
450	147.7	0.414	2.4152	622.42	2747.8	2125.4
500	151.7	0.375	2.6673	639.59	2752.8	2113.2
600	158.7	0.316	3.1686	670.22	2761.4	2091.1
700	164.7	0.273	3.6657	696.27	2767.8	2071.5
800	170.4	0.240	4.1614	720.96	2773.7	2052.7
900	175.1	0.215	4.6525	741.82	2778.1	2036.2
1×10^3	179.9	0.194	5.1432	762.68	2782.5	2019.7

三、干空气的物理性质

温度 t/℃	密度 ρ/(kg/m³)	比热容 c_p/ [kJ/(kg·K)]	热导率 λ/ [mW/(m·K)]	导温系数 $a \times 10^6$/(m²/s)	动力黏度 v/μPa·s	运动黏度 $\nu \times 10^6$/(m²/s)	普朗特数 Pr
−50	1.584	1.013	20.34	12.7	14.6	9.23	0.728
−40	1.515	1.013	21.15	13.8	15.2	10.04	0.728
−30	1.453	1.013	21.96	14.9	15.7	10.80	0.723
−20	1.395	1.009	22.78	16.2	16.2	11.60	0.716
−10	1.342	1.009	23.59	17.4	16.7	12.43	0.712
0	1.293	1.005	24.40	18.8	17.2	13.28	0.707
10	1.247	1.005	25.10	20.1	17.7	14.16	0.705
20	1.205	1.005	25.91	21.4	18.1	15.06	0.703
30	1.165	1.005	26.73	22.9	18.6	16.00	0.701

续表

温度 $t/℃$	密度 $\rho/(kg/m^3)$	比热容 $c_p/$ $[kJ/(kg \cdot K)]$	热导率 $\lambda/$ $[mW/(m \cdot K)]$	导温系数 $a \times 10^6/(m^2/s)$	动力黏度 $\nu/\mu Pa \cdot s$	运动黏度 $\nu \times 10^6/(m^2/s)$	普朗特数 Pr
40	1.128	1.005	27.54	24.3	19.1	16.96	0.699
50	1.093	1.005	28.24	25.7	19.6	17.95	0.698
60	1.060	1.005	28.93	27.2	20.1	18.97	0.696
70	1.029	1.009	29.63	28.6	20.6	20.02	0.694
80	1.000	1.009	30.44	30.2	21.1	21.09	0.692
90	0.972	1.009	31.26	31.9	21.5	22.10	0.690
100	0.946	1.009	32.07	33.6	21.9	23.13	0.688
120	0.898	1.009	33.35	36.8	22.9	25.45	0.686
140	0.854	1.013	31.86	40.3	23.7	27.80	0.684
160	0.815	1.017	36.37	43.9	24.5	30.09	0.682
180	0.779	1.022	37.77	47.5	25.3	32.49	0.681
200	0.746	1.026	39.28	51.4	26.0	34.85	0.680
250	0.674	1.038	46.25	61.0	27.4	40.61	0.677
300	0.615	1.047	46.02	71.6	29.7	48.33	0.674
350	0.566	1.059	49.04	81.9	31.4	55.46	0.676
400	0.524	1.068	52.06	93.1	33.1	63.09	0.678
500	0.456	1.093	57.4	115.3	36.2	79.38	0.687
600	0.404	1.114	62.17	138.3	39.1	96.89	0.699
700	0.362	1.135	67.0	163.4	41.8	115.4	0.706
800	0.329	1.156	71.70	188.8	44.3	134.8	0.713
900	0.301	1.172	76.23	216.2	46.7	155.1	0.717
1000	0.277	1.185	80.64	245.9	49.0	177.1	0.719
1100	0.257	1.197	84.94	276.3	51.2	199.3	0.722
1200	0.239	1.210	91.45	316.5	53.5	233.7	0.724

注 在 $\rho = 101.3kPa$ 条件下测得。

四、标准大气压下乙醇—水平衡数据

液相乙醇摩尔分数/%	气相乙醇摩尔分数/%	液相乙醇摩尔分数/%	气相乙醇摩尔分数/%
0.0	0.0	45.0	63.5
1.0	11.0	50.0	65.7
2.0	17.5	55.0	67.8
4.0	27.3	60.0	69.8
6.0	34.0	65.0	72.5

液相乙醇摩尔分数/%	气相乙醇摩尔分数/%	液相乙醇摩尔分数/%	气相乙醇摩尔分数/%
8.0	39.2	70.0	75.5
10.0	43.0	75.0	78.5
14.0	48.2	80.0	82.0
18.0	51.3	85.4	85.5
20.0	52.2	89.0	89.4
25.0	55.0	90.0	89.8
30.0	57.5	95.0	94.2
35.0	59.5	100.0	100.0
40.0	61.4	—	—

五、标准大气压下乙醇—水的体积分数、质量分数与相对密度换算表

体积分数/%	质量分数/%	相对密度	体积分数/%	质量分数/%	相对密度	体积分数/%	质量分数/%	相对密度
0	0.00	0.99823	31	25.46	0.96100	62	54.09	0.90462
1	0.79	0.99675	32	26.32	0.95972	63	55.11	0.90231
2	1.59	0.99529	33	27.18	0.95839	64	56.13	0.8999
3	2.38	0.99385	34	28.04	0.95704	65	57.15	0.89764
4	3.18	0.99244	35	28.91	0.95536	66	58.19	0.89526
5	3.98	0.99106	36	29.78	0.95419	67	59.23	0.89286
6	4.78	0.98974	37	30.65	0.95271	68	60.27	0.89044
7	5.59	0.98845	38	31.53	0.95119	69	62.31	0.88799
8	6.40	0.98719	39	32.41	0.94964	70	61.33	0.88551
9	7.20	0.98596	40	33.30	0.98806	71	63.46	0.88302
10	8.01	0.98476	41	34.19	0.94644	72	64.54	0.88051
11	8.83	0.98356	42	35.99	0.94479	73	65.63	0.87796
12	9.364	0.98239	43	35.99	0.94308	74	66.72	0.87538
13	10.46	0.98123	44	36.89	0.94134	75	67.83	0.87277
14	11.27	0.98009	45	37.80	0.93956	76	68.94	0.87015